U0352862

云南省普通高等学校“十二五”规划教材

数字区域地质调查

主　编　左琼华　王　伟　黄茜蕊
副主编　刘陈明　杨德敏　程先锋

北　京
冶 金 工 业 出 版 社
2023

内 容 提 要

本书是结合作者多年教学、生产、科研实践编制而成的一本工学结合、突出数字区域地质调查能力培养目标的理实一体项目化教材。

本书基于 DGSS 系统，以项目为载体，介绍了数字区域地质调查工作的全环节流程和内容，包括预备知识、数字化数据准备阶段、野外数据采集阶段和室内综合整理阶段等，全书共 10 个任务，按任务分步实施，对数字系统操作过程进行了全面阐述。

本教材适合于高职高专院校资源勘查类、地质工程与技术类相关专业教学使用，也可供广大野外地质工作者阅读参考。

图书在版编目(CIP)数据

数字区域地质调查/左琼华，王伟，黄茜蕊主编．—北京：冶金工业出版社，2023.2

云南省普通高等学校“十二五”规划教材

ISBN 978-7-5024-9484-1

Ⅰ.①数…　Ⅱ.①左…　②王…　③黄…　Ⅲ.①数字技术—应用—区域地质调查—高等学校—教材　Ⅳ.①P623.1-39

中国国家版本馆 CIP 数据核字(2023)第 073874 号

数字区域地质调查

出版发行　冶金工业出版社　　**电　话**　(010)64027926

地　址　北京市东城区嵩祝院北巷 39 号　　**邮　编**　100009

网　址　www.mip1953.com　　**电子信箱**　service@mip1953.com

责任编辑　王悦青　美术编辑　吕欣童　版式设计　郑小利

责任校对　葛新霞　责任印制　窦　唯

北京印刷集团有限责任公司印刷

2023 年 2 月第 1 版，2023 年 2 月第 1 次印刷

710mm×1000mm　1/16；11 印张；211 千字；163 页

定价 39.00 元

投稿电话　(010)64027932　投稿信箱　tougao@cnmip.com.cn

营销中心电话　(010)64044283

冶金工业出版社天猫旗舰店　yjgycbs.tmall.com

(本书如有印装质量问题，本社营销中心负责退换)

前言

本书是根据教育部高职高专资源勘查专业教学指导委员会审定的“数字区域地质调查”课程标准所编写的，地质调查与矿产普查的目的是培养学生数字区域地质调查能力，并掌握与之相关的理论知识，为今后从事野外地质工作奠定基础。

本书是在数字地质调查项目工作实践的基础上，以数字区域地质调查的主要常规工作流程为主线编写而成的。全书除预备知识外包含数字化数据准备阶段、野外数据采集阶段和室内综合整理阶段三个项目，共设10个任务。每个任务都是数字区域地质调查工作流程中的重要方面，以1∶50000图幅为例，就操作流程进行了较系统的阐述说明，内容由浅入深、循序渐进，符合学生的认知规律，很好地将理论与实践有机地结合起来。学习内容贴合工作实际，选图讲究，易懂易学，充分体现了职业教育的特点。

本书由云南国土资源职业学院和云南省地质调查院左琼华、王伟等人共同编写。其中，预备知识、任务1~任务3、任务6由左琼华编写；任务4、任务5由王伟编写；任务7由刘陈明编写；任务8由杨德敏编写；任务9由程先锋编写；任务10由黄茜蕊编写；最后由左琼华统编定稿。此外，云南国土资源职业学院和云南省地质调查院朱婉明、刘德利、齐武福、孙载波、熊波、黄晓明等人参与了教材的部分内容编写及校对等工作。

云南国土资源职业学院组织了6名行业专家对本书进行了审阅，随后组织校内专家组对修改后的书稿进行验收。

教材编写过程中参考了大量相关专业文献并引用了部分教材内容，

本书的编写得到了编者所在单位的领导、同事的支持和帮助，在此对文献和引用的教材作者以及关心和参与教材编写的领导、同事一并表示诚挚的谢意。

按照基于工作过程系统化理念编写教材是一次新的尝试，加之编者水平有限，教材中如有不足之处，敬请读者批评指正。

编　者

2022 年 12 月

目　录

项目一　数字化数据准备阶段

项目二　野外数据采集阶段

项目三　室内综合整理阶段

0　预备知识

0.1　概述

0.1.1　区域地质调查的概念

0.1.1.1　传统区域地质调查

区域地质调查（也称区域地质测量、区域地质填图或简称区调、区测或填图），是指按照一定的任务和相应的规范要求，对某地区的地层、岩石、岩体、构造、矿化等各种地质体和地质现象进行地质矿产研究和地质填图工作的总称。

其填图方法是通过连续野外地质路线观察，把获得的第一手基础资料记录在纸介质的记录簿和工作手图上。其数据采集的内容包括空间定位信息、涉及多个专业的大量文字描述信息及表示地质现象空间形态的点、线、面空间信息，所涉及的信息种类多、内容复杂、信息量大，而且，野外地质数据和信息基本上处于分散、非动态的管理现状，远远不能满足市场经济发展与社会广泛需求的多元性、科学性与迫切性，也极大地制约了实现地质工作主流程的信息化。这种传统的方法越来越不适应当今信息时代的地质工作要求，极大地影响了地学数据采集的效率和精度。

0.1.1.2　地质填图的基本特性

地质填图的基本特性包括：

（1）野外路线观察（见图 0-1）；

（2）大量的定性文字描述（图与文字）（见图 0-2）；

（3）记录大量的空间数据与属性数据；

（4）数字填图不同阶段的地质成果及原始资料；

（5）涉及多学科。

0.1.1.3　数字区域地质调查

数字区域地质调查指按照一定的任务和相应的规范要求，在特定地区运用地学技术的最新成果，以数字填图技术及计算机技术为手段，对地学数据及其相关

图 0-1　野外路线观察

（云南省地质调查院-榴辉岩学习现场）

图 0-2　大量的定性文字描述（图与文字）

（a）沉积相调查；（b）层序调查；（c）生物地层调查

数据进行数字化采集，综合分析，对有用的信息提取和重组，最终形成以地学为核心的多功能、多维的地质图件及其相关专题图件和文本文件，并服务于现代化国民经济技术和可持续发展的需求。

区域地质调查是研究地质构造的阐明方法和表现方法的一门学科，如地质方法，地球物理的方法，遥感地质方法、地球化学方法、数字填图方法等。

不同调查方法的研究成果需要编制多种图件来表现，例如，除地质图外，根据需要编绘矿产图、构造图、地貌图、生态图及物、化、遥和工程地质等专门性图件，需要什么图件视区域地质调查任务和工作区情况而定。

综上所述，区域地质调查有以下几个特点。

（1）综合性：几乎囊括地学所有的基础学科，如岩石学、构造地质学、矿床学、地球物理学、地球化学及遥感地质学等学科，因此，区域地质调查具有综合性质，是一项复杂而多方面的科研和生产工作。

（2）公益性：国家投资，地质调查机构统一部署和实施，成果面向全社会、服务于国民经济建设的各个领域，如向地方提供经济发展和重大工程建设、城市地质、农业地质、生态环境、地质灾害、旅游地质等国计民生的基础地质资料。

（3）战略性：1）国家有计划地部署地质工作（查明成矿带、重大工程建设区等地质背景）；2）保证国家经济安全的战略资源勘察（如能源、稀有金属等战略物资储备）；3）人类赖以生存的可持续发展战略。

0.1.2　区域地质调查的基本类型

区域地质调查按研究程度和填图的比例尺的大小以国际分幅为单位可进行下述划分。

（1）小比例尺区域地质调查（概略地质调查）。采用 1∶500000、1∶1000000 地质调查。部署在地质调查空白区或研究程度极低的地区，路线间距分别为 5km 和 10km。主要任务是概略性地研究测区的地质构造，发现找矿远景区，填制 1∶500000 或 1∶1000000 地质图。

（2）中比例尺区域地质调查（区域地质调查）。采用 1∶100000、1∶200000（1∶250000）地质调查，部署在小比例尺地质调查发现的有利成矿远景区，路线间距分别约为 1km 和 2km。主要任务是比较详细地研究测区的地质构造，填制地质图，并运用物化探等手段进行找矿工作，同时对测区可能存在的矿产都要开展检查工作，查明矿产的分布规律，圈定有利成矿地段或详查区。

（3）大比例尺地质调查（详细地质调查）。采用 1∶50000 或大于 1∶50000 地质调查，部署在已被圈定的成矿有利地段或已知成矿区外围，以及具有特殊地质意义的地区，路线间距为 500m 或更小。主要任务是除查明测区地质构造，并进行地质填图外，对能控制主要矿产形成和产出的地质构造单元均应给予更深入的研究，并表示在地质图及矿产图上。对已发现的矿点、矿化点和矿床均做出地质评价。

上述可见，地质调查和地质图的精度及研究程度随比例尺不同而不同，特别是在矿产方面的要求有更大的差别。部署程序遵循小→中→大比例尺依次进行的调查规律。

值得提出的是，近几年区域地质调查工作根据工作区实际情况，将地质填图与科学研究、生态环境、土地资源、旅游地质等调查相结合，对重要的基础地质和国计民生的有关问题设立专题研究，逐渐从填绘传统地质图（“矿产型”）向填绘多功能通用地质图（“社会型”）转变，使地质图占领更多用户市场。

0.1.3　传统区域地质调查工作程序

按照区域地质调查总则，将区域地质调查分为立项论证、设计审编、地质填图、成果提交归档及出版准备5个程序。按照工作步骤详述如下。

（1）准备工作阶段。该阶段应完成以下工作：资料收集与分析、野外踏勘、设计书的审编及业务培训等。

（2）实测地质剖面图工作阶段。该阶段应完成以下工作：准备相应工作、剖面野外实测、剖面室内整理研究及目的划分填图单位等。

（3）填图工作阶段。该阶段应完成以下工作：观测路线（点）布置、标定、观察与描述，填绘地质图，进行矿产调查等。

（4）室内综合整理及野外验收阶段。该阶段应完成以下工作：编制实际材料图及其他各类图件初稿，撰写野外区域地质调查简报，进行野外验收及进一步完善野外不足。

（5）报告编写、验收和成果提交阶段。该阶段应完成以下工作：地质图及其他各类图件的最终编绘、撰写区域地质调查报告及地质图说明书最终成果验收和出版归档等。

0.1.4　数字区域地质调查野外数据采集工作流程

在数字区域地质调查整个过程中，野外数据采集过程包括组队后的数字化装备配置要求，已有资料的收集和数字化，测区地理底图数字化，多源数据在统一空间的耦合（投影），野外踏勘进行字典的建立和术语的标准化，野外观测路线地质调查，野外驻地数据整理过程和野外剖面测试等。本节内容只对数字区域地质调查野外数据采集过程进行描述，其技术要求见与其对应的《数字区域地质调查技术要求》。数字区域地质调查野外数据采集过程原型，如图0-3所示。

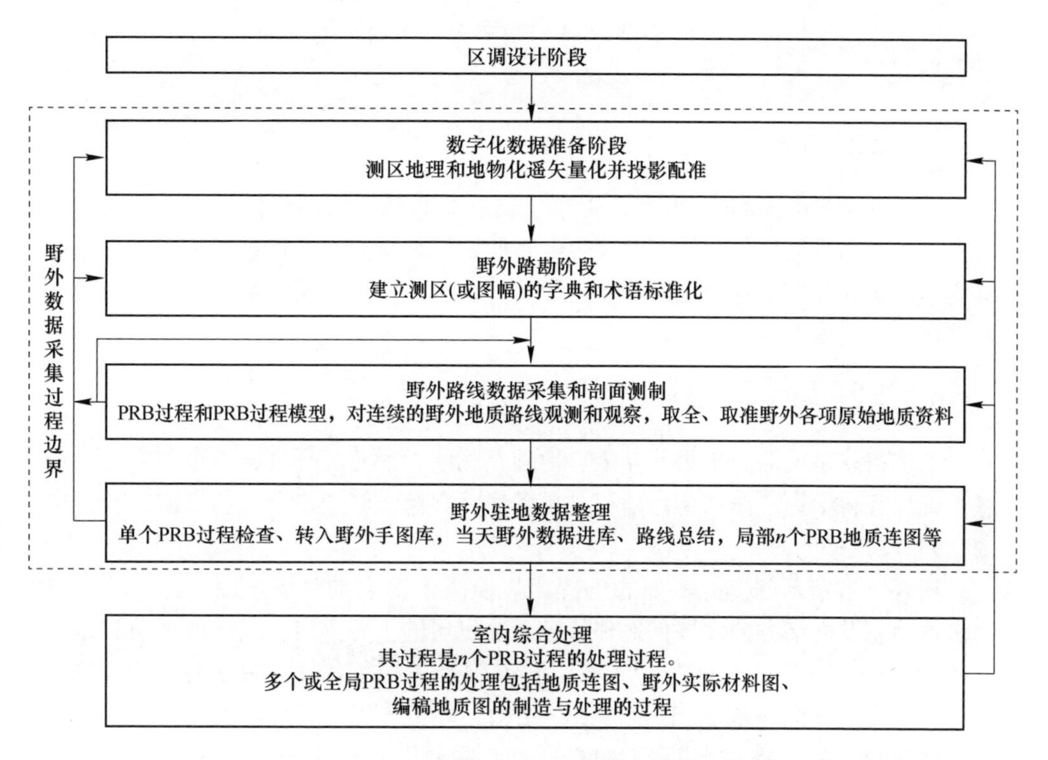

图 0-3　数字区域地质调查野外数据采集过程原型

0.2　“3S”技术与野外数据采集系统

0.2.1　“3S”技术

“3S”技术是全球导航卫星系统（global navigation satellite system，GNSS）、地理信息系统（geographical information system，GIS）和遥感（remote sensing，RS）的统称。因这三个技术的英文中都含一个 S 而得名。

0.2.1.1　全球导航卫星系统

全球导航卫星系统 GNSS 是一种空间无线电定位系统，包括一个或多个卫星星座，并为支持预定的活动视需要而加以扩大，可为地球表面和地球外空间任意地点用户提供 24h 三维位置、速率和时间信息。GNSS 核心组成部分目前主要有：美国的全球定位系统（global position system，GPS）、俄罗斯的全球导航卫星系统（GLONASS）（轨道导航系统），以及欧盟的伽利略卫星导航系统（Galileo）和我国的北斗卫星定位系统（BDS）。

目前，地质行业使用的全球导航卫星系统 GNSS 主要是美国的全球定位系统 GPS。

0.2.1.2　遥感技术

遥感 RS 技术包括航空和航天遥感。遥感是指从远距离高空及外层空间的各种平台上利用可见光、红外、微波等电磁波谱控制仪器，通过摄影和扫描、信息感应、传输和处理，查明地面物体的形状、大小、位置及其和环境相互作用机理的现代科学技术。

0.2.1.3　地理信息系统

地理信息系统 GIS 是集计算机、地理、测绘、遥感、环境、城市、空间、信息、管理等科学为一体的新兴学科，是采集、存储、管理、分析和描述空间数据的空间分析系统。

随着“数字地球”这一概念的提出以及人们对它的认识不断加深，从二维向多维动态及网络方向发展是地理信息系统发展的主要方向，也是地理信息系统理论发展和诸多领域（资源、环境、城市等）的迫切需要。在技术发展角度，其中一个发展方向是基于 Client/Server 结构，即用户可在其终端上调用在服务器上的数据和程序；另一个发展方向是通过互联网络发展 Internet GIS 或 Web-GIS，可以实现远程寻找所需要的各种地理空间数据，包括图形和图像，而且可以进行各种地理空间分析，这种发展是通过现代通信技术使 GIS 进一步与信息高速公路接轨；此外还有一个发展方向是数据挖掘（data mining），从空间数据库中自动发现知识，用来支持一个解译自动化和 GIS 空间分析的智能化。

目前区域地质调查中的数字填图技术就是基于 GIS、GPS、RS 技术为一体的区域地质调查野外数据和信息的数字化获取技术及其数字化成果的一体化组织、一体化管理、一体化处理以及社会化服务的计算机科学技术。

0.2.2　野外调查数据采集系统

野外调查数据采集系统（或简称为野外数据采集系统）在不同 PPC、HPC 和平板电脑上运行具有运行效率高、稳定等特点。在 CE 平台上，实现了数字填图所需的 GIS 基本功能（GPS 定位、路线采集、素描），拥具有先进的数据组织和压缩技术，一次可以调入符合野外调查的整幅国际分幅地理数据和其他数据，实现遥感影像在 Windows XP/NT/2000 与 Windows CE 一体化的配准，在掌上机的图像压缩比达 1∶10，实现遥感图像及各种数据与数字填图系统的一体化整合。系统满足区域地质调查技术规范要求，覆盖区域地质调查全过程。

野外数据采集系统功能的基本特点是符合野外工作的质量和精度要求，便于野外地质人员操作和掌握。野外数据采集系统从野外数据采集拓展到整个数字填图，功能从数据处理拓展到数字填图过程定量质量评价，构成完整体系。野外数据采集系统实现遥感系统与数字填图系统的一体化整合，为野外到室内实现一体化的采集、一体化的组织、一体化的管理及一体化的成果表现形式奠定了基础。也就是说，使用特定的技术和设备（硬件和软件）来实现已有地质资料的使用、野外地质资料的获取、地质成果的表达和地质信息的社会化服务的全程数字化，能更好地满足地质资料的获取、管理、应用和服务于社会的要求。

总而言之，野外数据采集器就是集 3S 技术为一体、用于获取野外地质调查各类数据的小型手持式计算机设备，目前采用嵌有 GPS、可以运行 Plam OS 或 Windows CE、并装入了野外调查数据采集系统和数字地形图的掌上或平板电脑作为野外数据采集器。在数字填图和 1∶50000 区域地质调查中得到广泛应用，极大地提高了区域地质调查的工作效率。

0.2.3　野外数据采集基本装备

数字填图装置是用于数字填图的现代化野外设备，包含了下列五件基本装置（见图 0-4）：

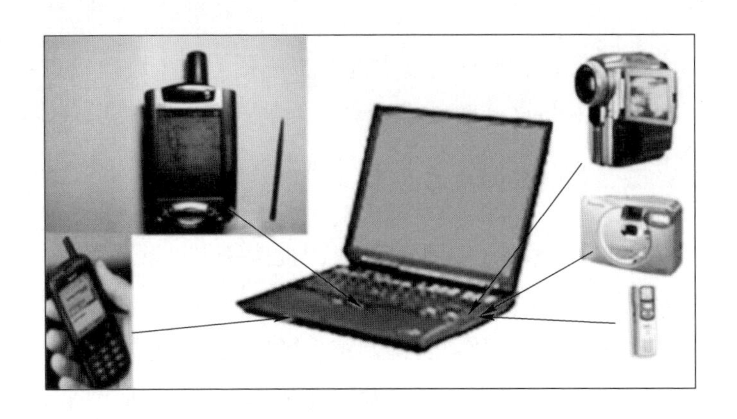

图 0-4　野外数据采集装备

（1）用于野外数据采集的掌上计算机（可以是运行 Plam OS 或 Windows CE 的掌上计算机、手持计算机、平板电脑）；

（2）GPS（可以是 PC 插槽接口 GPS、夹克 GPS 或蓝牙 GPS）；

(3) 便携式计算机（CPU PⅢ以上、内存128M以上、硬盘20G以上）；

(4) 数码照相机和数码摄像机；

(5) 数字语音录入笔。

野外数据采集器（thedevicefor data capture in field geological survey）是一种集计算、电话/传真和网络等功能于一身的手持设备，也称PDA。典型的PDA功能包括：移动电话、传真发送器和个人组织器。供电时间可达8h以上。由于Windows CE、Windows Mobile的出现，并迅速成为PDA的主流操作系统，该领域出现了新产品概念，即“Handheld PC”（HPC）手持计算机，它分为笔输入掌上机，（无键盘型）和手持式掌上PC机（有键盘型），厂家在预装了中文Windows CE后，将此类产品定名为“掌上电脑”，目前选用以Windows CE为操作系统的掌上电脑作为野外数据采集器。

野外数据采集设备是野外数据采集信息化的重要平台，是获取野外各种参数数据的基础。区域地质调查野外路线观测的工作方式，要求随身带到野外的设备能够描述与管理复杂的信息，具有足够的存储容量和运行速度并与室内所用系统有接口。要真正能在野外工作，还必须体积小、重量轻、功耗低、至少能连续工作10h。

0.3　数字地质填图技术

数字地质填图技术是在区域地质调查中，应用GIS（地理信息系统）、GPS（全球卫星定位系统）、RS（遥感技术）技术对野外地质调查所获取的各种地质成果进行数字化处理并存储的技术。它是区域地质调查数据野外获取及其成果数字化的统一再现。

近年来，中国地质调查局在国土资源大调查信息化建设过程中，根据地质调查实际需求，研究和开发了地质、矿产、物探、化探等专业地质调查软件信息系统，并相继在区域地质调查、矿产资源调查、区域重力勘查、区域地球化学勘查等领域推广应用。其中，数字填图技术及软件系统、国家地质网格资源环境数据共享平台与系统、区域重力数据库信息系统、区域地球化学数据管理信息系统、物化探（遥感）综合基础信息系统等软件系统涵盖了地质调查主要领域，涉及数据采集、处理、综合及成果社会化服务等地质调查全过程。地质调查软件系统的研制及其在地质调查领域的全面推广应用，极大地促进了国家地质工作信息化，开创了地质工作现代化进程的新局面。

数字地质填图是采用数字填图技术及数字填图系统，从应用计算机野外数据采集技术入手，遵循传统区域地质调查的规律，在不约束地质工作者地质调查思维的前提下，保证地质工作者取全、取准各项地质观测资料数据，达到以翔实的地质观察研究为基础，以计算机野外数据采集和空间数据存储与表达技术为手段，通过填制不同比例尺的数字地质图，查明调查区矿物、岩石、地层、古生物、构造及其他各种地质体的特征，并研究其属性、形成时代、形成环境和发展历史等基础地质问题。

数字地质填图的目的是为矿产资源、土地资源、海洋资源普查，为水文地质、工程地质、环境地质、灾害地质、农业地质和城市地质勘查，为国家国土资源规划、管理、保护和合理利用等提供基础性区域地学数据库，同时为社会公众提供公益性的数字区域地质信息。

0.4 数字地质填图的意义

数字地质填图从根本上突破了传统的工作模式，实现了地质填图工作全过程数字化，增强了地质调查成果的表达，拓宽了公益性基础地质调查的服务领域，是面向地质调查、符合地质填图工作特点的综合信息平台。以此为契机，启动了地质调查其他领域的数字化技术研究与应用，开创了地质工作现代化进程的新局面。

(1) 在应用中改变了由最终成果图建立地质图数据库的传统做法，着重从建立原始基础地质数据库开始，通过对原始数据库的凝练，自然过渡到最终成果数据库。

(2) 强调在计算机技术全程化支撑下，对地质、地理、地球物理、地球化学和遥感等多源地学数据进行综合分析和地质制图，真正实现地学多源数据的整合，提高了数字地质填图的效率和质量。

(3) 数字区域地质调查系统为拓宽基础地质调查内容和领域提供了关键的技术保证。在提高填图质量和加深区域地质研究程度的同时，拓宽了服务领域，使提交的地质调查成果及其专题图件更加切实地为国民经济建设各领域提供翔实的信息化资料。

(4) 掌上机、GPS、Windows CE、GIS、手写输入与电子词典是野外数据采集信息化的基本技术。目的是实现野外地质数据一次性的数字化采集，并通过对所采集数据的计算机处理，提高地质填图与编图的效率，进一步实现大范围数据的无缝数据库和数据互操作。

(5) 随身携带到野外的掌上机能够描述与管理复杂的信息、具有足够的存储容量、体积小、重量轻、功耗低、至少能连续工作10h。满足这种要求的设备是最终实现野外数据采集信息化的硬件基础。经过近几年的发展，可用于野外数据采集的掌上机无论其物理性能，还是数据管理、处理与接口等性能已经基本可以满足野外数据采集的要求。

项目一

数字化数据准备阶段

任务1 数字资料的准备

1.1 数字地形资料准备

（1）选择并收集备齐合适比例尺的地形数据或地形图作为数字填图野外手图库的数字化地理底图。如 1：250000 填图需购买 1：100000 数字化地理底图，1：50000 填图需购买 1：25000 数字化地理底图。对所需比例尺的地形图进行矢量化处理。

（2）对形成的点、线、面矢量化数据，按照一定的要求进行投影转换。

1）转换 1：250000 填图用的数字化地理底图。把 1：100000 地形数据投影转换成 1：250000 地形数据，转换参数如下：比例尺分母为 100000，单位为米，坐标系类型为平面直角坐标系统，投影类型为高斯-克吕格（横切椭圆面等角）投影，椭球参数为北京 54/克拉索夫斯基（1940）椭球。

2）转换 1：50000 填图用的数字化地理底图。把 1：25000 地形数据投影转换成 1：50000 地形数据，转换参数如下：比例尺分母为 25000，单位为米，坐标系类型为平面直角坐标系统，投影类型为高斯-克吕格（横切椭圆面等角）投影，椭球参数为北京 54/克拉索夫斯基（1940）椭球。

（3）经过投影转换后，形成 1：100000 图幅和 1：50000 图幅的背景图层，在一定的存储介质上以背景图层作为目录对 1：100000 和 1：50000 地形数据进行存储。

1.2 地质资料收集进行综合及数字化

对收集调查区已有地质调查、地球物理、地球化学、遥感数据等资料进行数字化。

1.2.1　对地质资料的数字化

对已有的 1∶50000 资料如野外记录本，实际材料图，野外手图，编稿地质图等，根据实际情况及各种比例尺的线距要求，在充分研究的基础上选择合适的野外地质路线，对其进行数字化处理，在室内手工录入到数字地质填图系统中，与实测地质路线同等对待。选择研究较深入的地质剖面，按野外实测剖面的要求对其进行数字化处理，在室内录入到数字地质填图剖面系统中。

1.2.2　对地球化学数据的数字化

收集的资料可能包括区域性地球化学数据，包括各种比例尺的区域地球化学勘查资料，例如水系沉积物测量、重矿物地球化学测量、岩石测量、土壤测量，以及图幅内不同岩石的各种常量元素、微量元素、稀土元素及同位素测试资料等。包括样品点位，即样品的空间地理坐标，以及样品测试分析数据。

应按照地球化学数据处理方法要求，对区域地球化学原数据进行数据网格化、数据规格化处理，并根据图幅地质问题的需要，选择适合的化探处理软件和数据处理方法，如移动平均方法、衬值方法等，形成具有不同解释信息的地球化学图件。对不同地球参照系和地图投影的区域地球化学数据（或处理结果）应进行统一的、与图幅地形数据相一致的坐标参照系和地图投影方式转换处理，即 1954 北京平面坐标系和经差 6 度分带的高斯-克吕格投影方式。经预处理的解释成果应整合在数字填图系统中，作为数字地质填图的基础背景图层应用于地质填图中。

1.2.3　对遥感数据收集、处理及对解释成果的数字化

应尽可能收集多时相、多波段遥感数据磁带和多片种的遥感图像，遥感数据的地面分辨率应优于 50m。选择其中现势性强、各种干扰小、特征信息量（色调、形态等）丰富的作为基础遥感图像数据。分别采用预处理、基础图像处理和专题图像处理等三种类型的遥感数据处理方法对遥感数据进行处理，获取满足数字地质填图各个阶段所需要的遥感数据和遥感图像。经预处理和基础图像处理的遥感解释成果应整合在数字填图系统中，作为数字地质填图的基础背景图层应用于地质填图中。

1.2.4　对地球物理数据收集、处理及对解释成果的数字化

主要收集区域性地球物理数据，包括各种比例尺的区域地球物理勘查资料，例如区域航磁、区域重力资料，此外还要注意收集地球物理测深剖面资料，例如大地电磁测深、人工爆破地震资料、地震层析资料等。针对图幅内地质特征，选

择合适的地球物理数据处理方法和软件，如地球物理场的求导、延拓、滑动平均等，对地球物理数据进行初步的数据处理，制作满足设计编写、野外填图、专题地质研究需要的地球物理解释图件。

地球物理数据收集与处理对不同空间参照系统、地图投影方式的区域性地球物理数据应进行必要的数据转换处理，统一坐标参照系和地图投影方式，并与图幅内地形数据系统相一致，即变换成1954北京平面坐标系和经差6度分带的高斯-克吕格投影方式，经预处理的解释成果应整合在数字填图系统中，作为数字地质填图的基础背景图层应用于地质填图中。

任务 2　安装数字地质调查系统（DGSS）软件

按照中国地质调查局的要求，区域地质调查使用 MapGIS 软件系统编制地质图，因此，先在电脑上安装 MapGIS67，然后安装数字地质调查系统（DGSS）。

2.1　安装平台程序

2.1.1　安装桌面平台程序

首先确认 MapGIS 软件加密锁处于正常工作状态，然后运行数字地质调查桌面系统安装程序“DGSS_ Setup. exe”，按照向导提示过程进行安装。如不修改安装路径，程序将安装于目录 C：\ Program Files \ Digital Geological Survey 中。

注意：如事先未启动 MapGIS 软件加密锁，安装过程将停滞在最后一步而无法正常结束。

安装完毕后，在 Windows 开始菜单“所有程序”中将增加项目“数字地质调查系统（DGSS）”，该项目中涵盖内容如图 2-1 所示。

图 2-1　数字地质调查系统开始菜单

数字地质调查信息综合平台：数字填图所有桌面功能如图 2-2 所示。建议将此项目发送桌面快捷方式，以便后续使用。

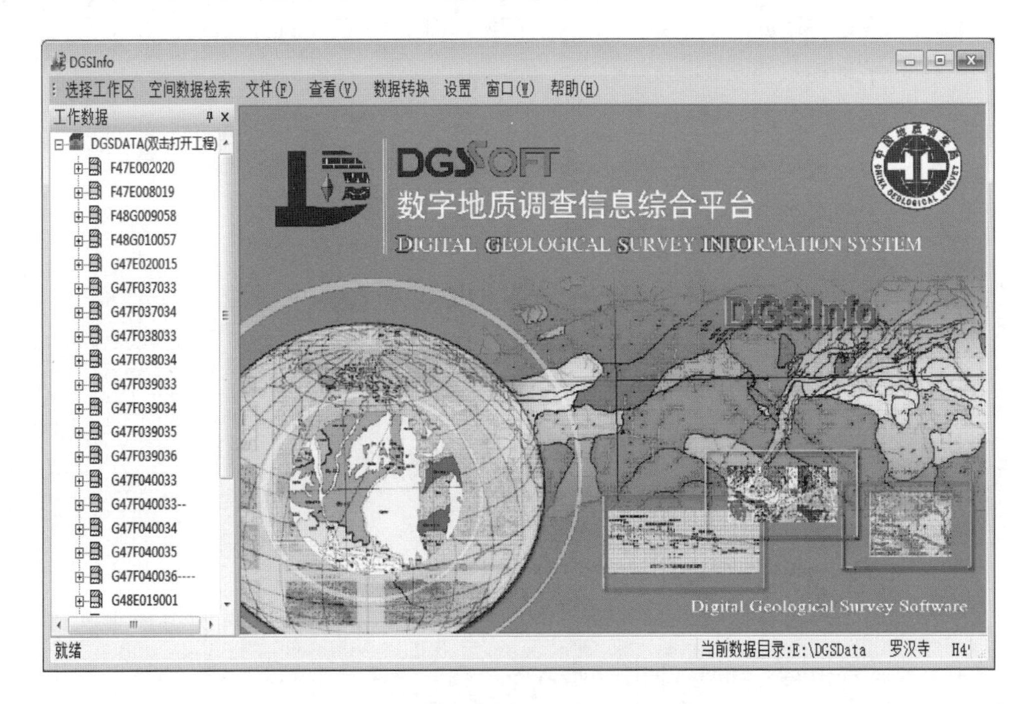

图 2-2　数字地质调查信息综合平台界面

2.1.2　安装移动平台程序

Android（安卓）是目前智能移动终端的主流操作系统，基于 Android 平台开发的数字地质填图系统 AoRGMap 相比之前基于 Windows Mobile 的数字填图系统，操作更简单，使用更灵活，设备的选择更多样。目前，AoRGMap 主要提供 GPS 定位、路线数据采集、实测剖面等功能。

AoRGMap 系统的基本流程是（如图 2-3 所示），先由桌面系统准备手图数据，转成 Android 可识别格式，并通过同步软件（如豌豆荚、91 手机助手、360 手机助手等）+USB 线的方式拷贝到采集器，也可用手机内存卡通过读卡器进行数据拷贝等，经过野外工作过程采集数据之后，再导入桌面系统进行综合整理。

图 2-3　AoRGMap 的系统基本流程

野外填图系统安装步骤如下：

（1）安装运行时库 AoGISRuntime. apk；

（2）安装应用程序：AoRGMap. apk（数字填图）、AoPEdata. apk（探矿工程）；

（3）手动拷贝字典库文件夹。

注意事项如下：

（1）运行时库和应用程序应根据设备 Android 系统版本进行对应安装；

（2）字典库文件夹“AoRgMap”默认拷贝到设备主目录下。

2.2 环境配置

2.2.1 工作数据目录（手工建立）DGSData

数字填图过程中产生的所有数据都将存放于工作目录“DGSData”中，因此必须在运行程序前建立此目录。建立目录时注意以下两点：

（1）尽量选择剩余空间较大的盘符；

（2）尽量建立在盘符根目录下，避免目录层次过深。

程序初次运行，将自动检测“C：\ DGSData”目录，如工作目录建于其他位置，则会弹出以下界面，如图 2-4 所示，点击“是”，选择“DGSData”所在的路径即可。如建立在 D 盘，则选择 D 盘根目录即，如图 2-5 所示。

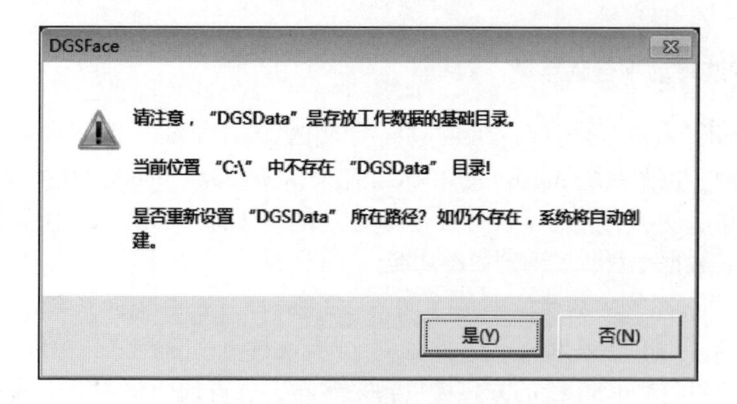

图 2-4 工作目录选择其他路径对话框

2.2.2 系统目录

系统目录主要指系统原型库 Data 目录的设置（一般系统默认，不用手动设置路径），如图 2-6 所示。

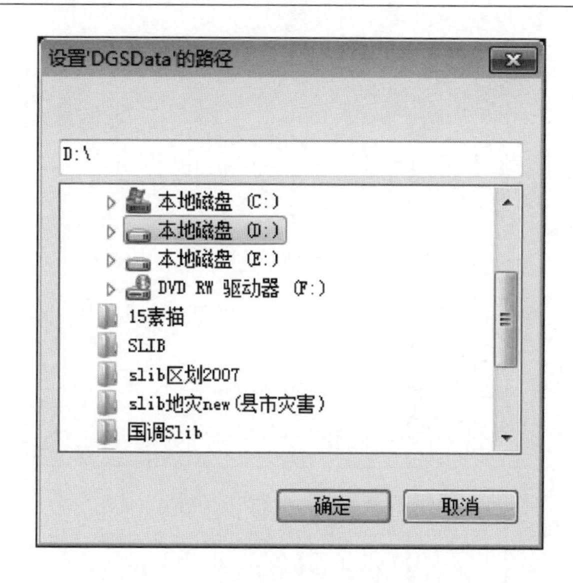

图 2-5　工作目录选择为 D 盘对话框

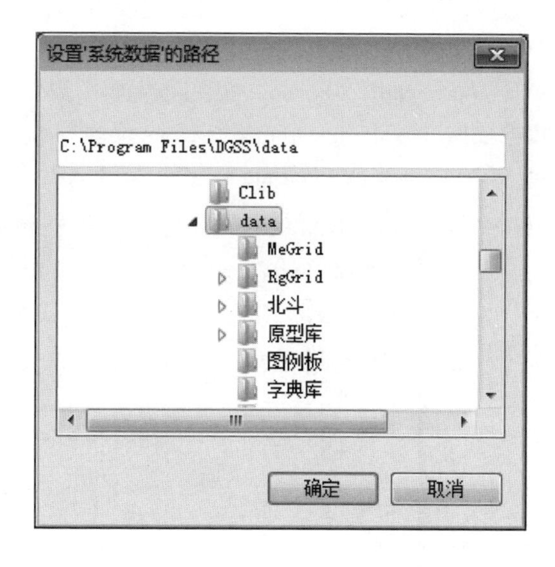

图 2-6　原型库路径设置对话框

2.2.3　环境设置

MapGIS 环境的字体库、符号库、临时文件目录和数据目录等如图 2-7 所示。

图 2-7　环境设置对话框

2.3　数据升级

对于该版本之前的用户数据，如“数字地质调查 2.0”版本和 2010 版本的数据，系统提供自动转换程序将用户数据转换到本版本工作目录 DGSData 下。点击数据转换工具，进入以下界面，如图 2-8 所示，点击数字填图数据升级，将原“数字地质调查 2.0”版本的数据（存于 Rgmapping 或 Mempping 目录中）转化到 2010 版本的 DGSData 中，或 2010 版本数据 DGSData 转化到 2014 版本的 DGSSDB 中。

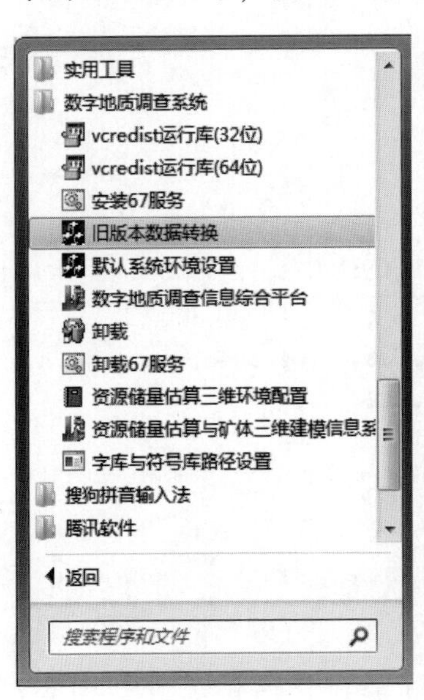

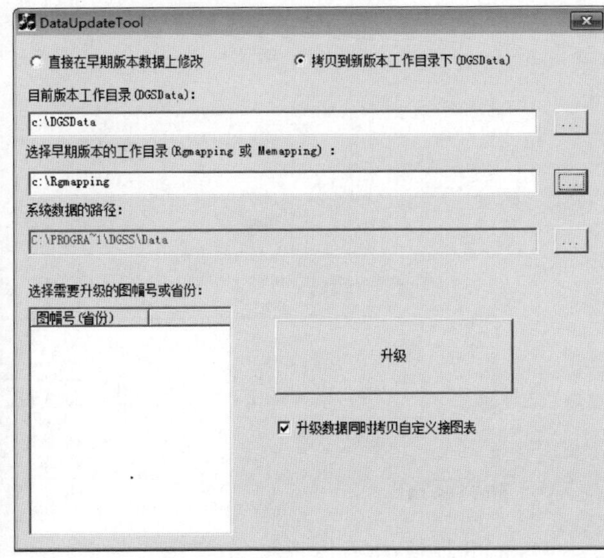

图 2-8　旧版本数据转换界面

任务3　背景图层的制作

3.1　地理底图的准备

地质图件一般都是在高质量地理底图的基础上添加相应的专题内容而成。地理底图的准备，包括扫描原图和将扫描图矢量化两步。

3.1.1　扫描原图

通过扫描仪直接扫描原图，将扫描好的图以栅格形式存储于图像文件中（如TIF 格式）。在进行扫描时，要调整好扫描仪的扫描参数，提高扫描精度。

3.1.2　矢量化

首先，打开 MapGIS 的图形编辑模块，将扫描好的栅格图像文件选中，如果扫描的图形文件不能打开，说明数据格式不对，可用“多源图像处理分析系统（MsiProc）”转换为 MapGIS 专用格式，或用图形编辑软件（Photoshop）转换为 TIF 格式。然后，利用 MapGIS 提供的智能扫描矢量化子系统进行矢量化。

需要说明的是，在开始矢量化之前，要通过认真读图，了解整个图形要素与结构，参考地质制图的行业及国家标准，根据一定的目的和分类指标，做好图层字典的设计工作，对图层要素进行分类，每一类作为一个图层，并对每一个图层赋一个图层名，便于以后对图形进行编辑和检索，并可根据需要制作专题图。根据地质图件的地图要素，将图形要素分别存放于点文件（*. WT）、线文件（*. WL）、区文件（*. WP）三类文件中，使不同的图形实体存放在不同的图层上，便于以后的利用。

图件矢量化后，就要进行图形的编辑处理工作。MapGIS 编辑子系统提供了对点、线、面三种图元空间数据和图形属性编辑的功能。包括图形编辑功能、拓扑分析功能、图形存取功能及错误检查功能。图形编辑功能用来编辑修改矢量结构的点、线、面三种图元，进行删除、移动、复制、连接、光滑、剪断、填充颜色、花纹图案修改等；拓扑分析功能使搜区、检查、造区更加快速、方便、简捷；图形存取功能是将不同的地质要素置于不同图层中，便于编辑、修改、调用和管理；错误检查功能是检查数据错误、错误类型及出错的图元，从而提高数据质量。

3.2　图形校正

由于原图图纸变形和扫描时存在一定的系统误差，以及在矢量化时受操作人员的技能和采校点密度等因素影响，矢量化后的图形数据会产生一定误差。所以，矢量化后的图形数据必须经过编辑处理和数据校正（利用系统提供的误差校正），消除输入图形的变形，才能满足实际要求。

3.3　矢量背景图参数检查

可以使用 MapGIS 的“输入编辑”功能检查图件的地图参数是否正确。

首先打开背景图工程，选择菜单“设置”→“设置显示坐标”，出现以下界面，如图 3-1 所示，查看左侧“当前图幅参数”内容，确认当前工程具有地图参数（非“用户自定义”坐标系）。

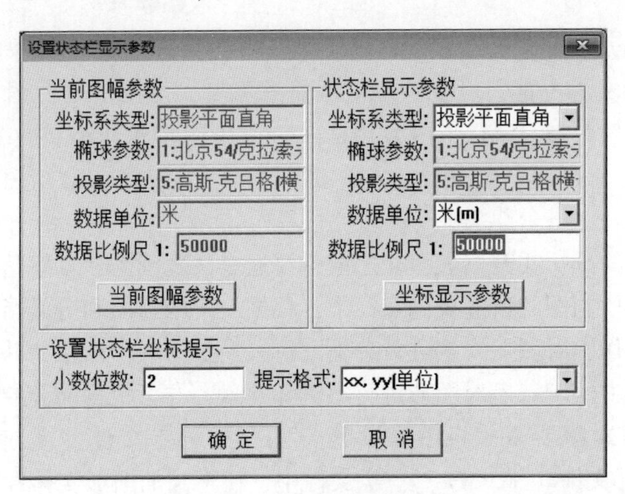

图 3-1　设置显示坐标

存在地图参数并不一定意味着地图参数正确，须用下述方法检验。

在右侧“状态栏显示参数”中，将数据单位设置为“米（m）”，数据比例尺设置为“1∶1”，如图 3-2 所示，点击“确定”。移动并放大图形窗口至图幅的左下角，直到能够看清公里网的坐标值。在图形窗口右下方状态栏会显示出当前鼠标所在位置的实际坐标值，如图 3-3 所示。如果此坐标值与公里网格的标注值相符，则证明地图参数是正确的；反之，则需要对地图参数进行配准。

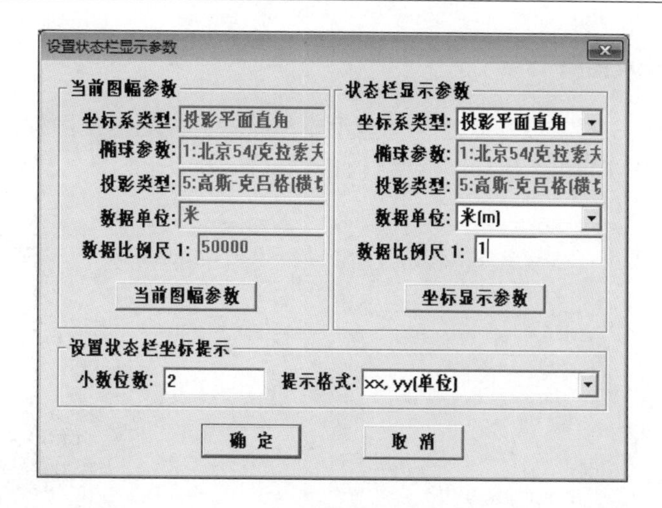

图 3-2　设置状态栏显示参数

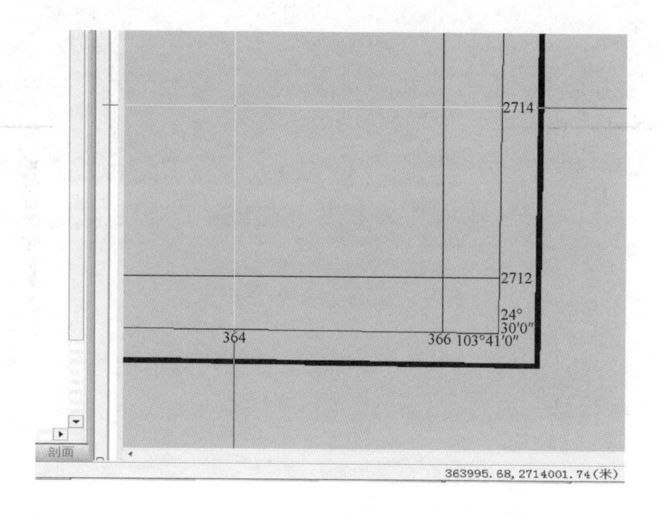

图 3-3　地图参数正确验证

3.4　矢量背景图配准

配准就是将原图标准化的过程。其原理是利用 MapGIS 生成的标准图框，把原图从空间位置和地图参数两方面与标准图框一致化，从而达到配准的目的。

配准的过程主要用到 MapGIS 中的“投影变换”和“误差校正”功能。

本节举例如下，将需要配准的图件目录置于“D：\ 练习”目录下。

矢量图件的配准一般需要 3 个步骤：（1）生成标准图框；（2）误差校正；（3）拷贝参数。

3.4.1　生成标准图框

利用 MapGIS 的“投影变换”功能生成与原图对应的标准图框。本节中举例如下，生成 F48E015002 幅标准图框，如图 3-4 所示。

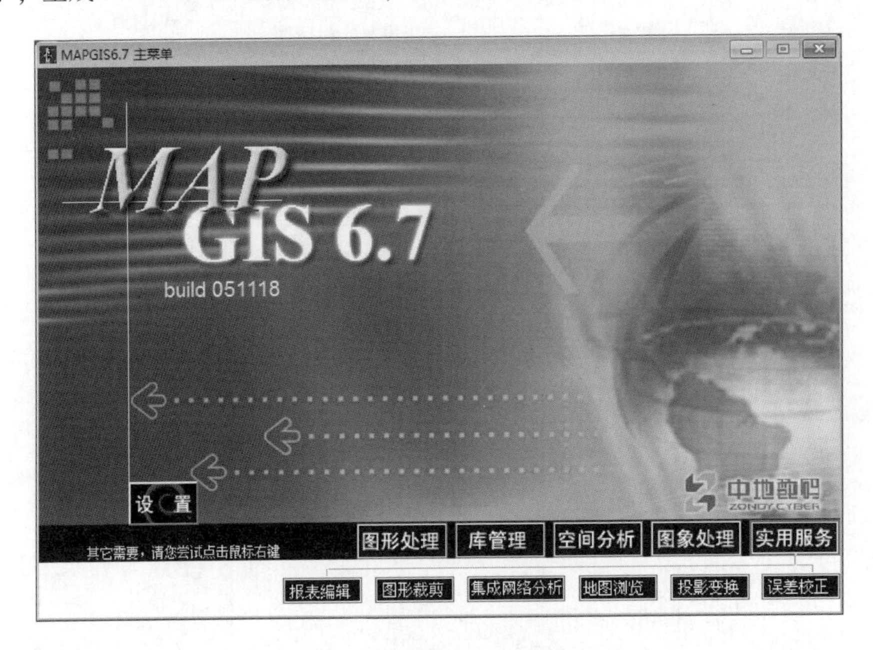

图 3-4　实用服务-投影变换

打开“投影变换”功能模块，选择菜单“系列标准图框”→“根据图幅号生成图框”，输入图幅号，如图 3-5 所示。

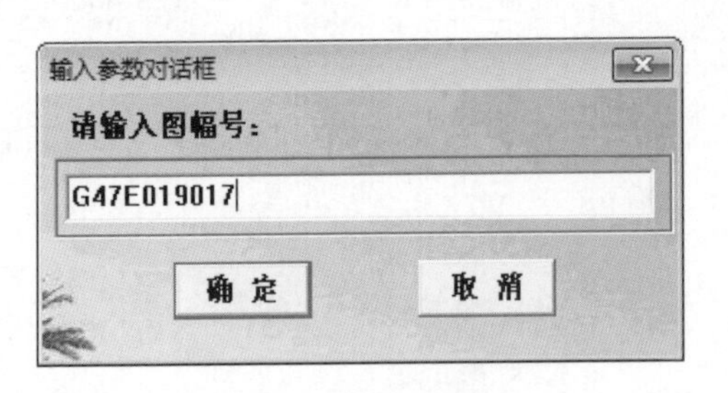

图 3-5　输入图幅号

按“确定”后，接下来的界面中将自动计算出该幅的起点经纬度，点击“图框文件名”按钮，选择标准图框存储的位置“D：\ 练习 \ 标准图框”，并给标准图框所有文件统一命名为“bztk”。然后点击“椭球参数”按钮，选择该幅对应的椭球参数，如图 3-6 所示。

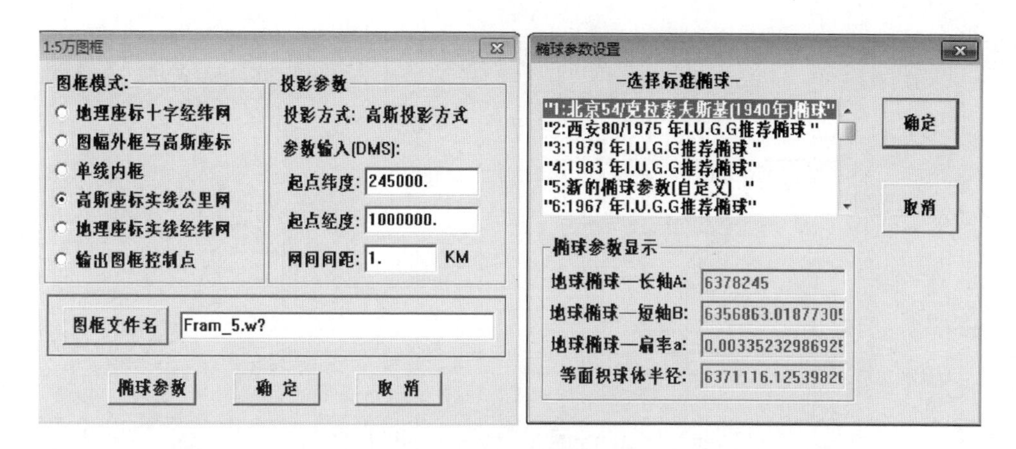

图 3-6　标准图框参数配置

配置完成后点击“确定”。将接下来对话框中的“将左下角平移为原点”和“旋转图框底边水平”两个选项取消选择，如图 3-7 所示，其他选项可使用默认值。

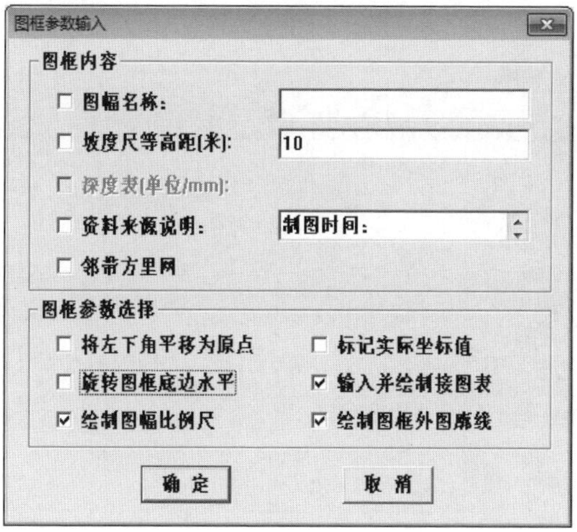

图 3-7　输入图框参数

余下过程直接点击“确定”即可。最后可得标准图框，如图 3-8 所示。

3.4.2　误差校正

利用“误差校正”功能，完成原图与标准图框空间上的匹配过程。

首先打开 MapGIS 的“误差校正”模块，选择菜单“打开”→“打开文件”，打开原图的图框线文件，如图 3-9 所示。

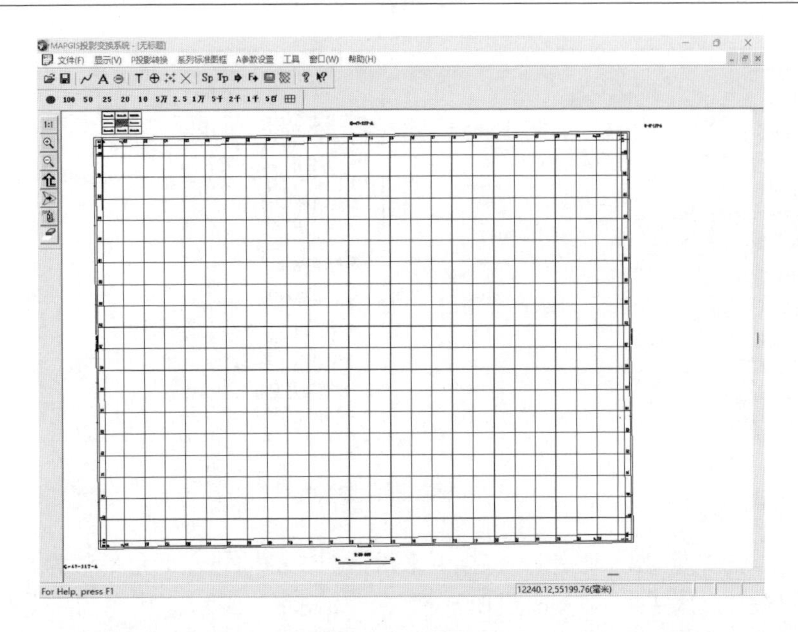

图 3-8　生成标准图框

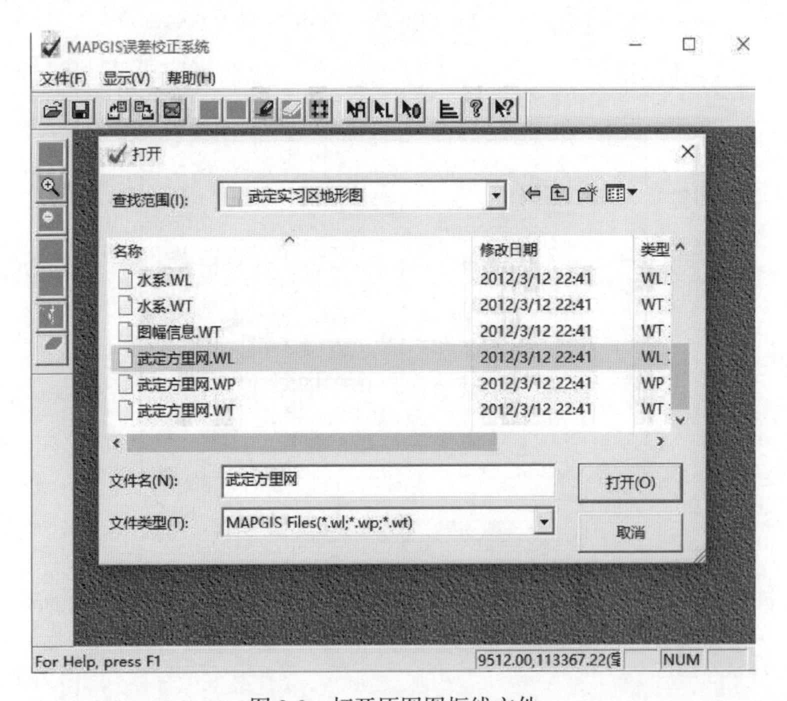

图 3-9　打开原图图框线文件

然后在原图上取误差校正控制点。由于是 1：50000 标准图幅，所以控制点取图框内框的 4 个角点即可。注意，在取控制点之前，需要将“控制点”菜单中的“控制点参数设置”和“选择要采集控制点的文件名”两个功能顺序运行一遍，如图 3-10 和图 3-11 所示。

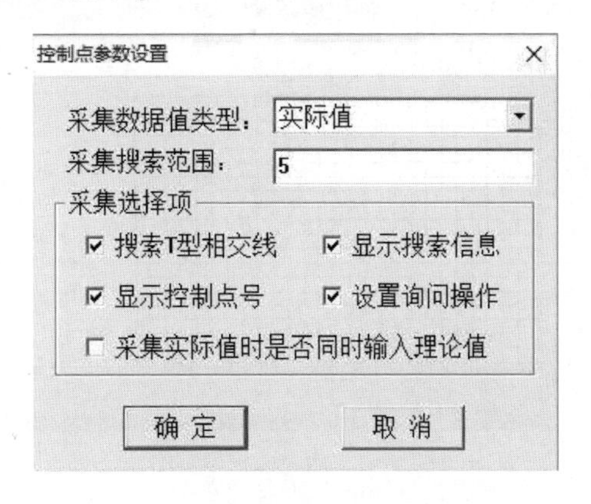

图 3-10　原图控制点参数

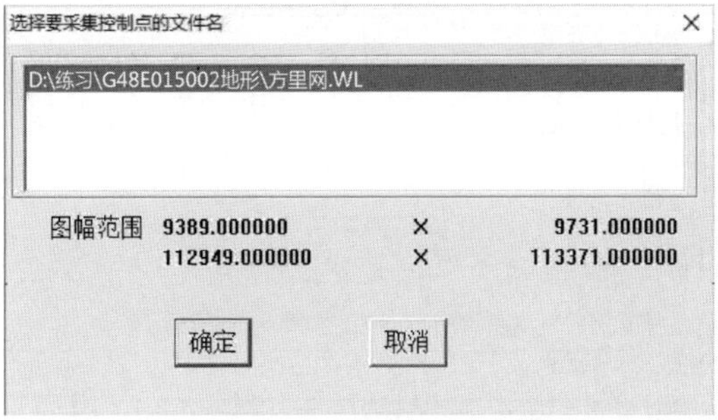

选择要采集控制点的文件名

D:\练习\G48E015002地形\方里网.WL

图幅范围　9389.000000　×　9731.000000
112949.000000　×　113371.000000

确定　取消

图 3-11　选择采集文件

利用工具条中的“”按钮添加控制点。第一次添加时，系统会提示新建控制点文件，选择“是”，新建控制点文件后就可以在图上添加控制点了。本例全部添加 4 个控制点，效果如图 3-12 所示。

下一步打开标准图框的图框线文件，如图 3-13 所示。

然后像原图取控制点一样，需要将“控制点”菜单中的“控制点参数设置”和“选择要采集控制点的文件名”两个功能顺序运行一遍，这次注意“采集数据值类型”为“理论值”，如图 3-14 和图 3-15 所示。

然后类似原图取控制点操作，在标准图框的 4 个角点依次采集控制点。注意，每采集一个点，都输入与原图控制点对应的编号，如图 3-16 所示。

取完 4 个控制点的实际值和理论值之后，就可以对原图进行校正了。操作之前，需要将已经打开的原图图框线文件关闭。选择菜单“文件”→“关闭文件”，再选择原图图框线文件即可，如图 3-17 所示。

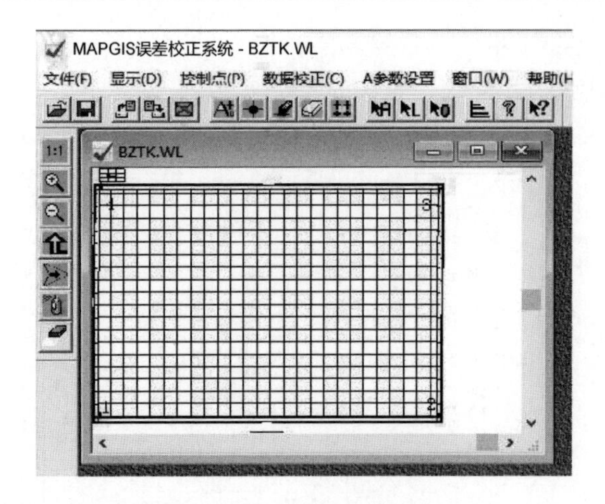

图 3-12　原图上所取的 4 个控制点

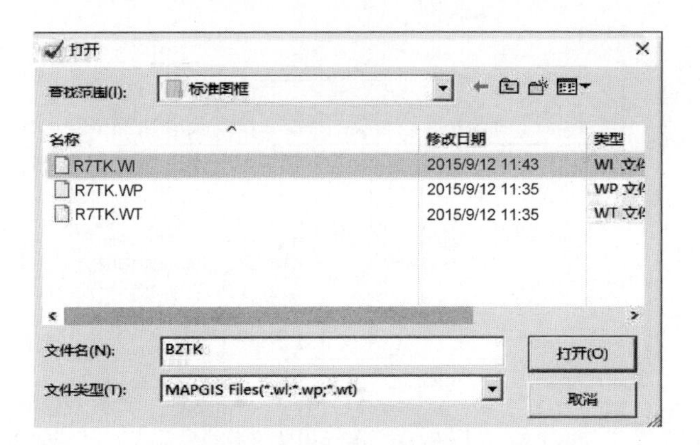

图 3-13　打开标准图图框线文件

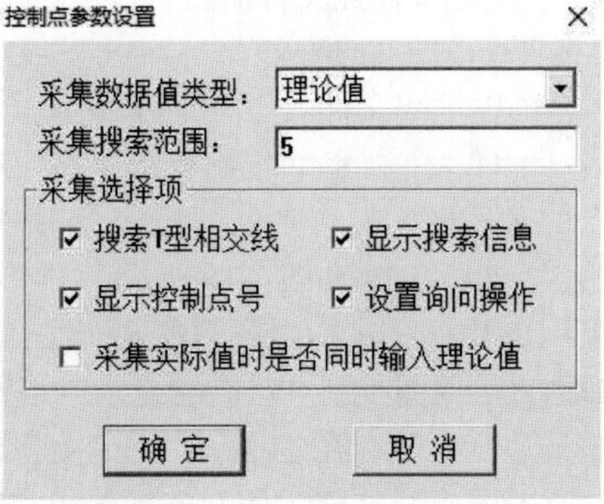

控制点参数设置

采集数据值类型：理论值

采集搜索范围：5

采集选择项

☑ 搜索T型相交线　☑ 显示搜索信息

☑ 显示控制点号　☑ 设置询问操作

☐ 采集实际值时是否同时输入理论值

确 定　取 消

图 3-14　标准图框控制点参数

选择要采集控制点的文件名

D:\练习\G48E015002地形\方里网.WL

D:\练习\标准图框\BZTK.WL

图幅范围　-7.756873　×　510.879224

-24.784885　×　401.620301

确定　取消

图 3-15　选择采集文件

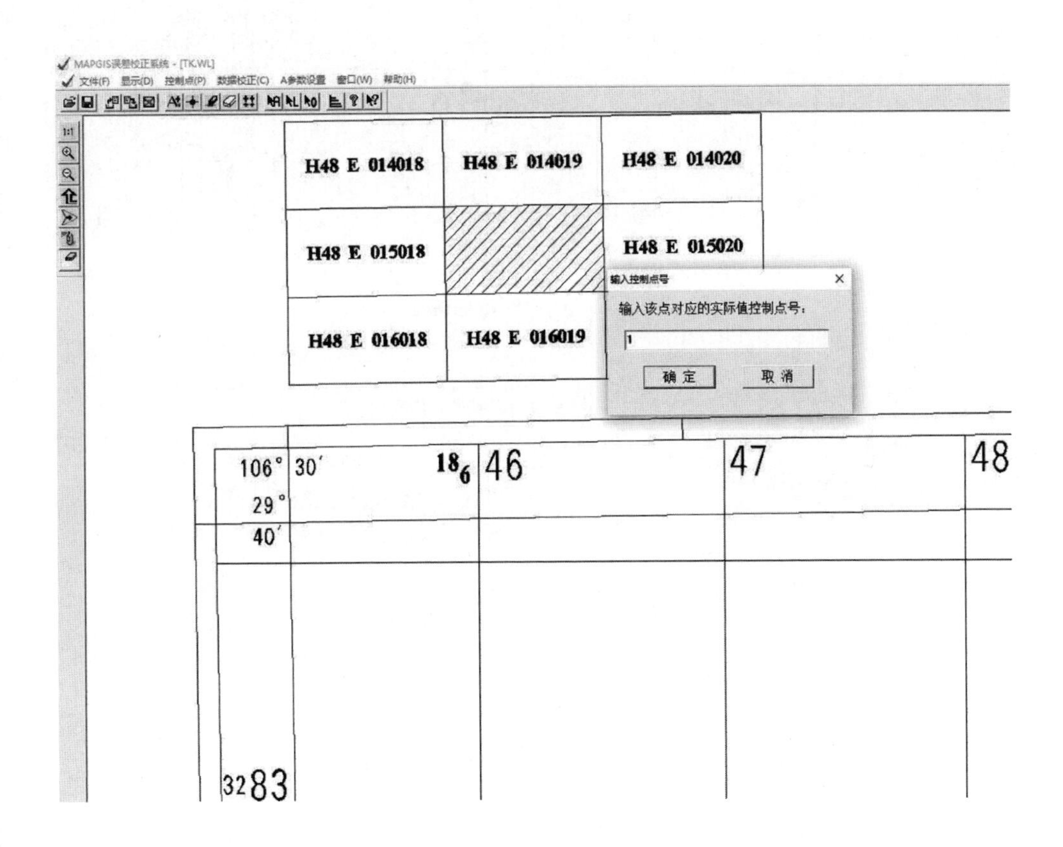

图 3-16　输入控制点编号

然后选择菜单“数据校正”→“成批文件校正”，在弹出界面中选择“按输入目录”，然后任意选择原图目录下的某一个文件，并将其文件名改为“＊.＊”，再点击“开始校正”即可，如图 3-18 所示。

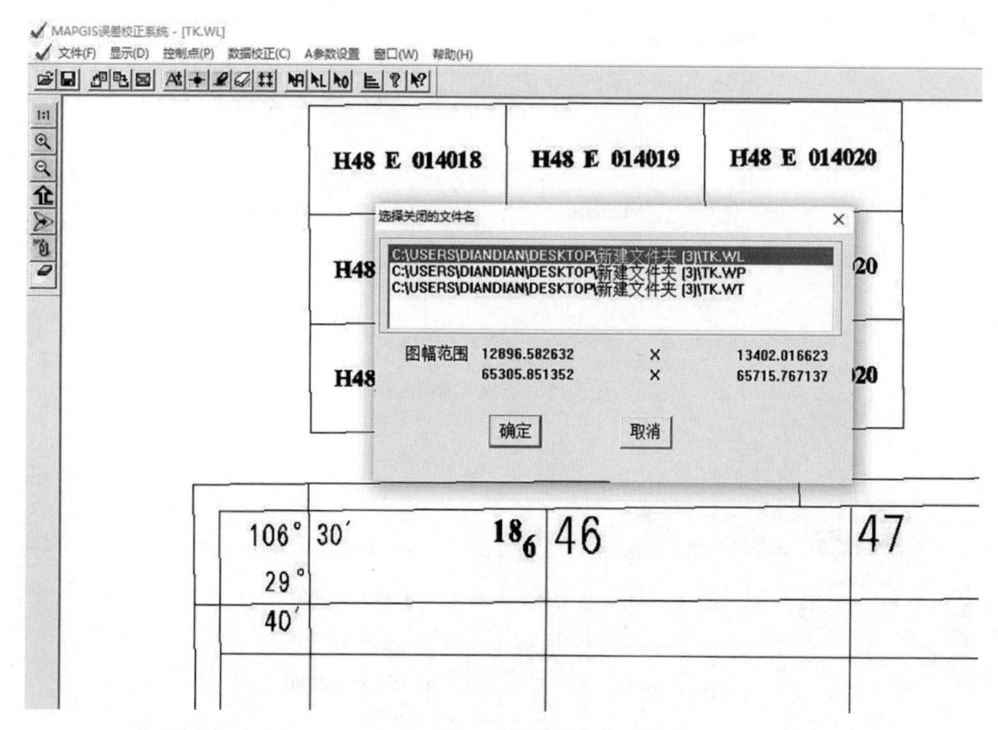

图 3-17　关闭原图图框线文件

图 3-18　成批文件校正

利用 MapGIS “输入编辑” 模块，快速将标准图框的参数赋予已经校准的原图。

打开 “输入编辑” 功能，新建工程。选择 “从文件导入参数”，选择任意一个标准图框的文件导入参数，如图 3-19 所示。

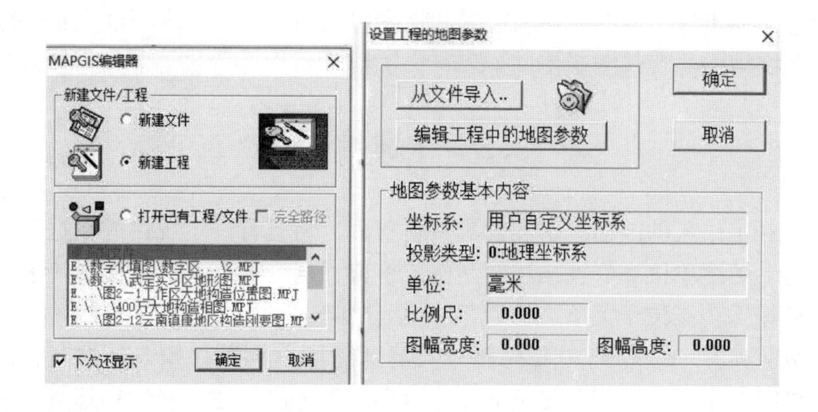

图3-19　从文件导入参数

在新建的空工程中添加全部原图文件，如图3-20所示。

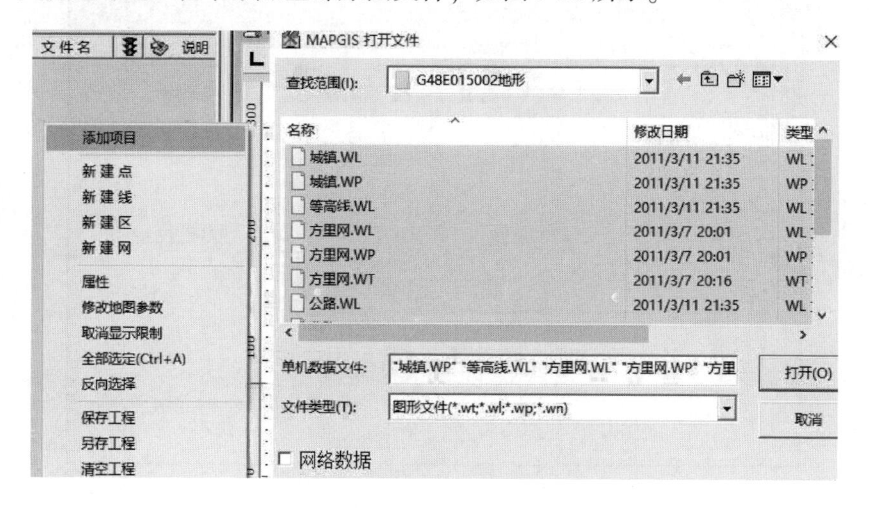

图3-20　添加全部原图文件

添加每个文件时，由于原图与标准图框地图参数不同，将会弹出以下提示框，全部点击“确定”即可，如图3-21所示。

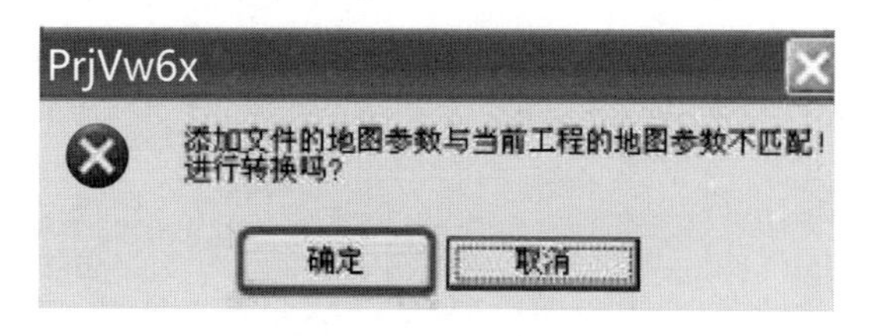

图3-21　地图参数不匹配提示

经过上述步骤，原图在空间位置和地图参数两方面与标准图框完全一致，可以作为数字填图的背景图层使用了。

3.5　字典编辑

经过对工作区的前期调研和背景资料整理，将具有一定规律的数据项目，如人员姓名、填图单位和岩性描述等制作成字典，提升数据采集过程的效率。

字典编辑功能位于菜单“工具”→“字典编辑”中。字典分为两种：一级字典和二级字典。一级字典主要存储分类清晰的简单词条，如人员姓名、微地貌等；二级字典用于存储相对复杂的描述内容，如地层描述、岩性描述等，支持用户自定义字典名称，如图 3-22 所示。每种字典都可以通过双击字典名称的方式进行编辑。注意，编辑时不同的字典条目之间须回车换行。

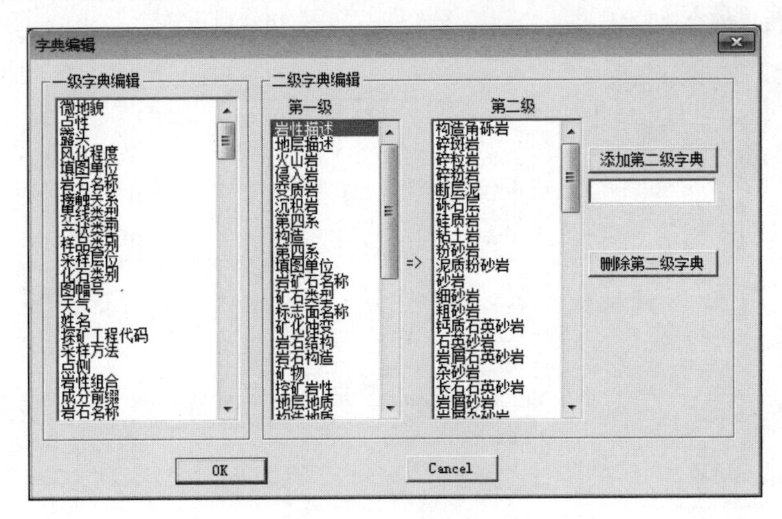

图 3-22　字典编辑

字典文件存储在系统数据目录中，如程序安装目录为“E：\ Program Files \ DGSS”，则字典目录为“E：\ Program Files \ DGSS \ data \ 字典库”。如果在掌上机中使用，则将字典库内容覆盖到掌上机程序 Rgmap 中的“字典库”中即可。

项目二

野外数据采集阶段

任务4　野外总图库的建立

4.1　新建图幅工程

按照区域地质调查工作的相关技术要求，1∶50000 图幅需选用 1∶25000 万的手图作为背景进行野外数据采集。G47E020018 幅包含的 4 幅 1∶25000 图幅分别为 G47F039035、G47F040035、G47F039036 和 G47F040036。

在数字地质调查系统中并未直接提供 1∶25000 图幅的接图表，故需要使用“自定义接图表”功能进行手工建立。

4.1.1　建立 1∶25000 自定义接图表

打开 DGSInfo 程序，选择菜单“选择工作区”→“自定义接图表”，在弹出的界面中选择“新建接图表”，在接下来弹出的界面中输入接图表信息，如图 4-1 所示。

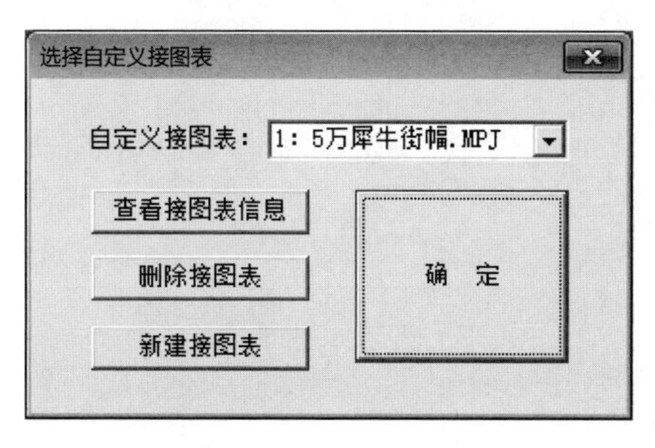

图 4-1　接图表信息

接下来对每条接图表记录进行编辑，输入 4 个 1：25000 图幅的图幅号与图幅名，如图 4-2 所示，然后点击“根据接图表属性库更新接图表”按钮创建接图表。

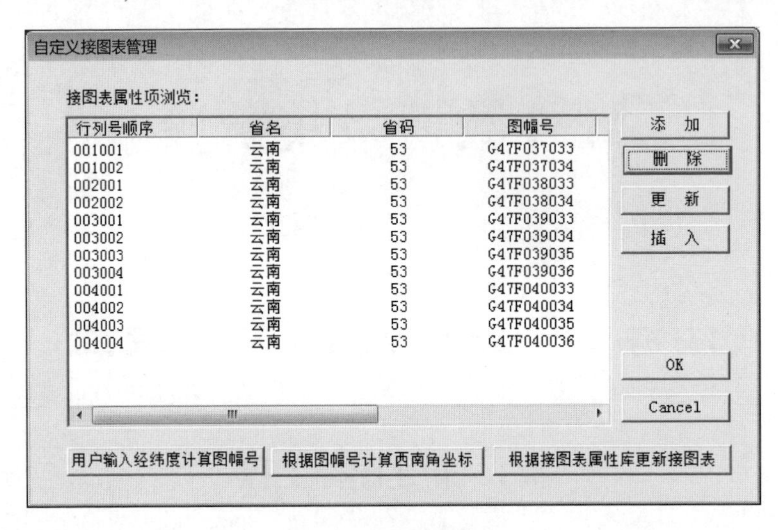

图 4-2　创建接图表

退出以上界面，然后选择已经创建的接图表，点击“确定”进行浏览，如图 4-3 所示。

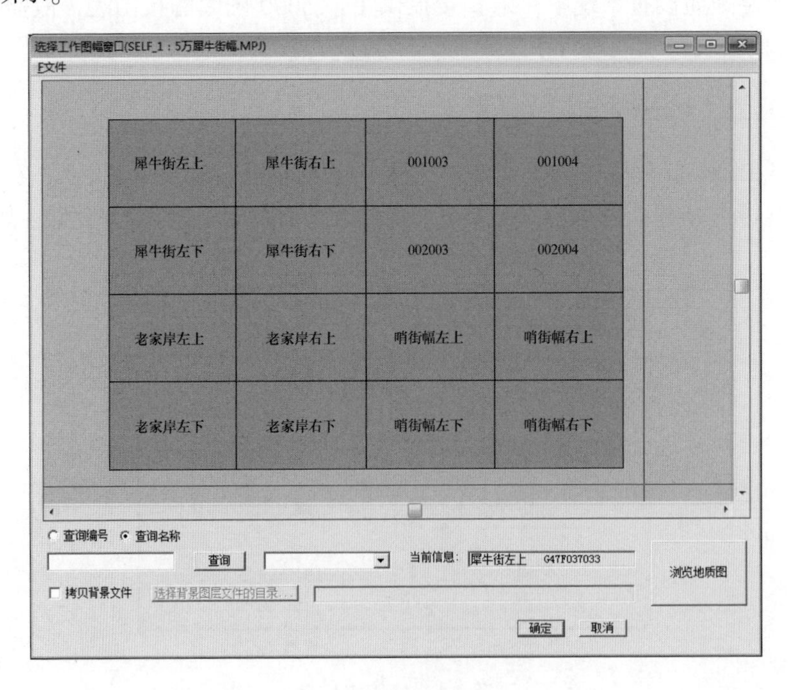

图 4-3　浏览接图表

4.1.2　新建 1∶25000 图幅工程

打开 1∶25000 接图表，选择某一图幅，如 H61C001002 幅，并选择其背景图件所在的路径（图幅比例尺是根据背景图层而定，如此步骤没有添加相应背景图层，生成图幅就不是所要比例图库），如图 4-4 所示。

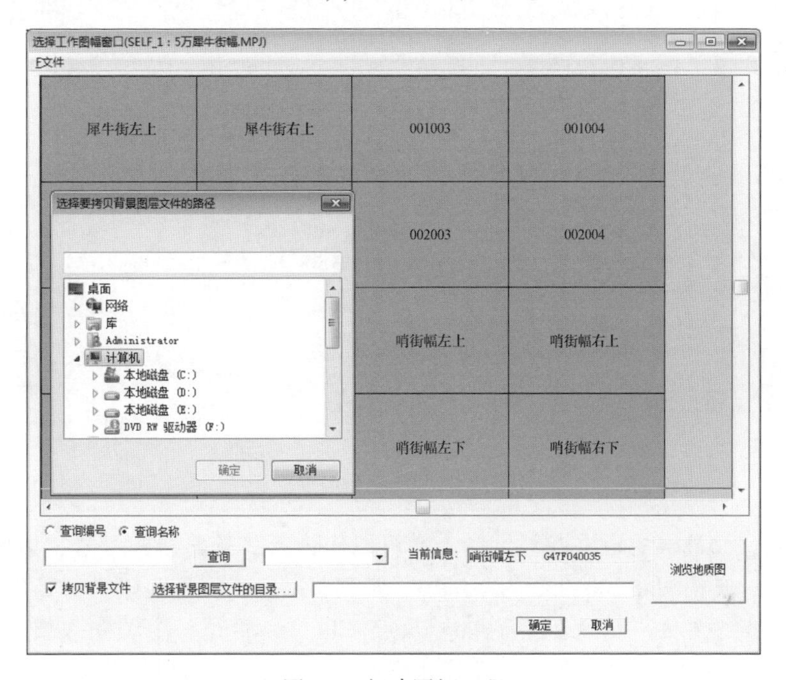

图 4-4　新建图幅工程

点击“确定”，创建新的图幅工程。

新建的图幅工程自动打开“野外总图”工程，需要手动将背景图层添加到该工程中，如图 4-5 所示。

4.2　设计路线

野外路线的设计工作是在野外总图库中完成的。

路线编号习惯上由首字母“L”加上 4 位数字组成，例如“L0001”；而地质点号习惯上由首字母“D”加上 4 位数字组成，例如“D0001”。

为避免图幅内路线号和地质点号重复，一般给路线号的数字部分赋予一定的意义，而不是简单地顺序编号。例如，1∶50000 图幅由 4 幅 1∶25000 图幅组成，则使用路线号中的第一位数字作为 1∶25000 图幅顺序号（可取值 0，1，2，3），后面三位数字可代表 1000 个地质点。每条路线的首个地质点号的数字部分与路

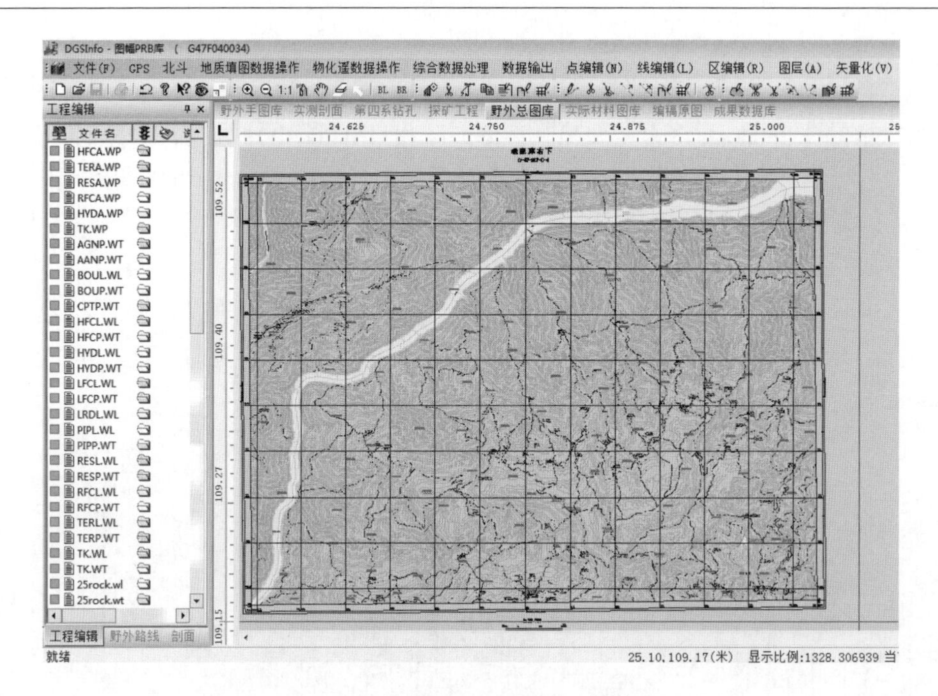

图 4-5　添加背景图层到野外总图库中

线号相同，而最末的地质点号再加 1 又可以作为第二条路线的编号，以此类推。在本例中，图幅 H48C001002 为第二幅，则其首条路线编号应该为“L1000”，而首个地质点编号为“D1000”，路线号及点号也可以给每一个填图人员分配一个区间，比如：张三 0001~0999，李四 1000~1999，……，这样安排设计路线时不用预留地质点，不易产生预留地质点不够或重点现象，且方便查阅。

如多条路线并行工作，也可提前设计多条路线，根据每条路线的长度预留足够的地质点数，同样可以按照上述规则编号。

表 4-1 举例说明了同时设计 3 条路线，每条路线预留 15 个地质点的情况。

表 4-1　地质路线设计一览表

路线号	首地质点	预留地质点数	末地质点
L1000	D1000	15	D1014
L1015	D1015	15	D1029
L1030	D1030	15	D1044

各项目可根据自身项目的具体情况自定义路线号与地质点号的分配规则。

设计路线操作可选择菜单“地质填图数据操作”→“室内数据录入”→“设计路线”，也可选择视图右侧工具条中“ ”图标，然后在图上以折线方式手动绘制出路线。在路线对话框中，一般情况下，设计路线内容需填写完全，提高第二天的工作效率。如图 4-6 所示，路线填写内容为设计路线所在地理位置，图幅号与手图编号一样，为 G47F038034，本例中的路线号为“L5821”。

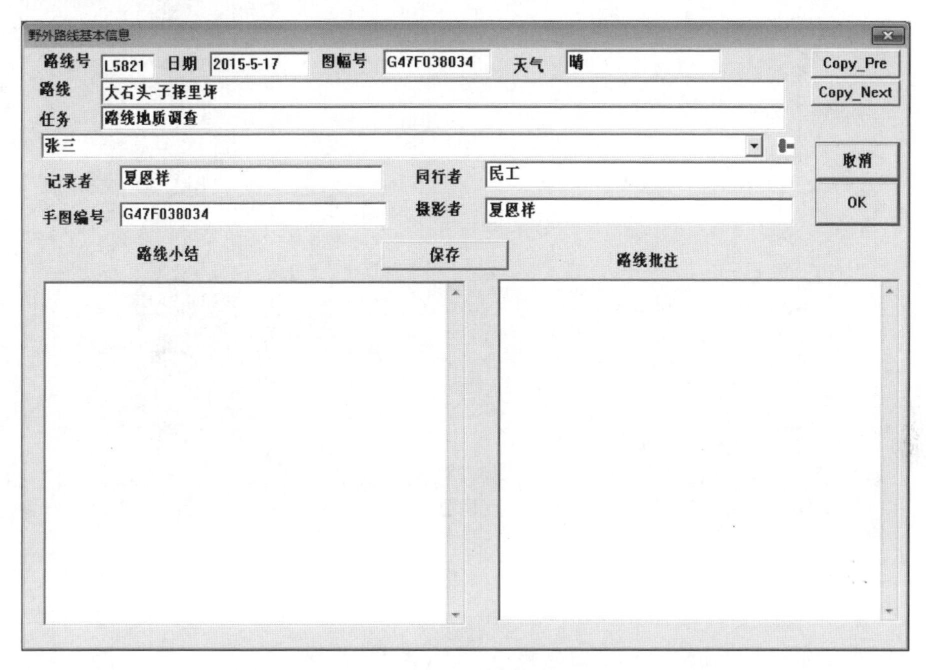

图 4-6　设计路线

4.3　创建野外手图

每条设计路线对应一个野外手图工程。该路线的数据采集及整理工作都必须在对应的野外手图工程中完成，然后再导入野外总图库。

路线“L5821”设计完成后，可点击主视图中或者左侧控制台中的“野外手图”标签，然后双击路线号“L5821”，即可创建野外手图工程。

在新建的野外手图工程中，添加野外采集必要的背景文件。注意，由于掌上机数据存储和处理功能有限，尽量避免将无关的背景文件转入到掌上机中。

4.4　转出掌上机数据

野外手图工程形成后，需要将其转换成为掌上机格式的数据才能进行野外数据采集。

选择菜单“文件”→“野外手图数据交换”→“桌面到掌上机”，然后选择任意位置生成野外路线目录“L5821”，如图 4-7 和图 4-8 所示。

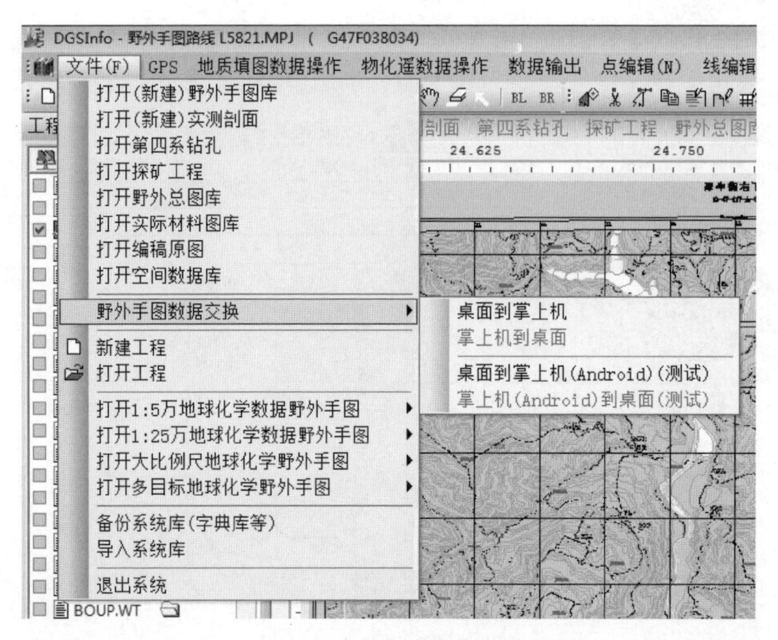

图 4-7　野外手图数据交换

图 4-8　路线图

任务 5　数字剖面操作

5.1　剖面数据采集记录规则

剖面数据采集记录规则如下：

（1）分层位置记录分层起点值；

（2）跨导线不分层时，在导线起点处（0m）重新记录该分层；

（3）采样过程按分层顺序编号，如图 5-1 和图 5-2 所示；

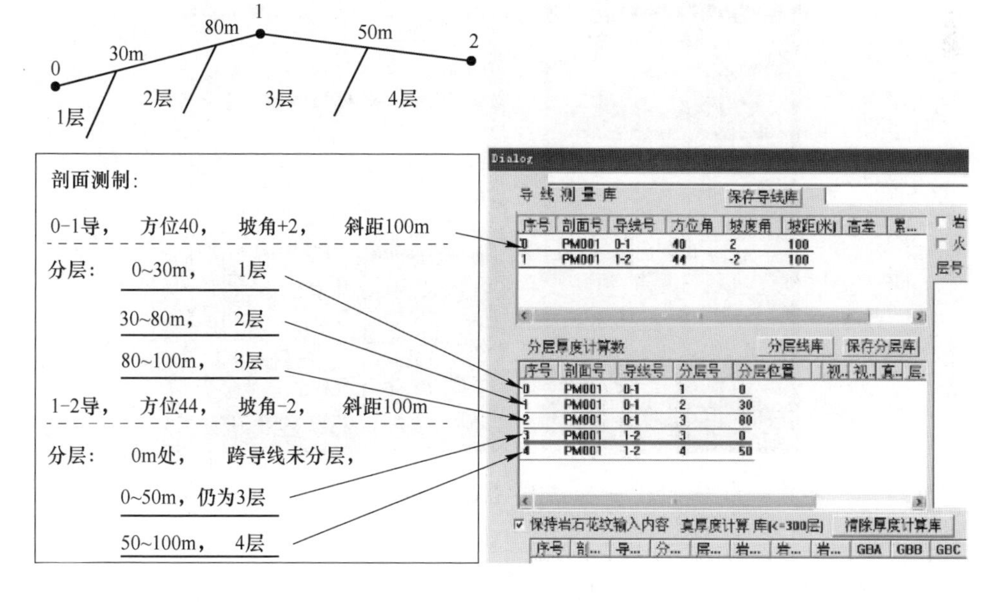

图 5-1　剖面记录规则

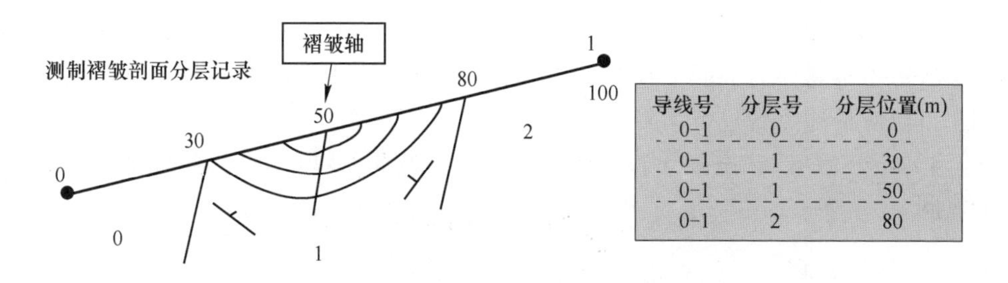

导线号	分层号	分层位置(m)
0-1	0	0
0-1	1	30
0-1	1	50
0-1	2	80

图 5-2　实测剖面测制记录规则

(4) 在同一层中，遇到褶皱时，如背斜、向斜，必须在轴部分开，分段输入实测剖面数据，也就是分段不分层记录，目的是为计算机提供正确的剖面厚度计算等数据处理。

5.2　数字剖面野外数据采集

5.2.1　打开剖面数据采集程序

在掌上机找到程序 PcRgSection 并运行，如图 5-3 所示。

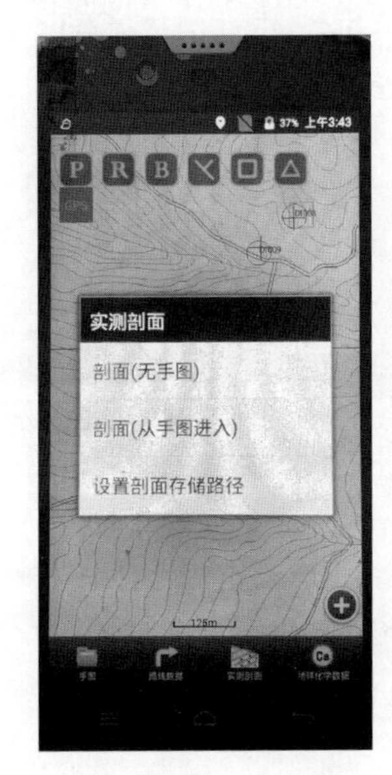

图 5-3　在掌机上打开剖面数据采集程序

5.2.2　创建新剖面

(1) 打开剖面程序。

(2) 按“创建新剖面”按钮，先输入新剖面编号，通常是“PM”+三位数字。这里不再需要对剖面字数进行选择了，在新程序中已经解决对文字个数的限制，可以对描述字数进行无限制输入。

(3) 按“OK”，系统开始创建新的剖面，如图 5-4 所示，一般需要近一分钟的时间。

5.2.3　打开剖面

(1) 用户创建剖面后，需要通过“剖面选择”，才能打开该剖面。

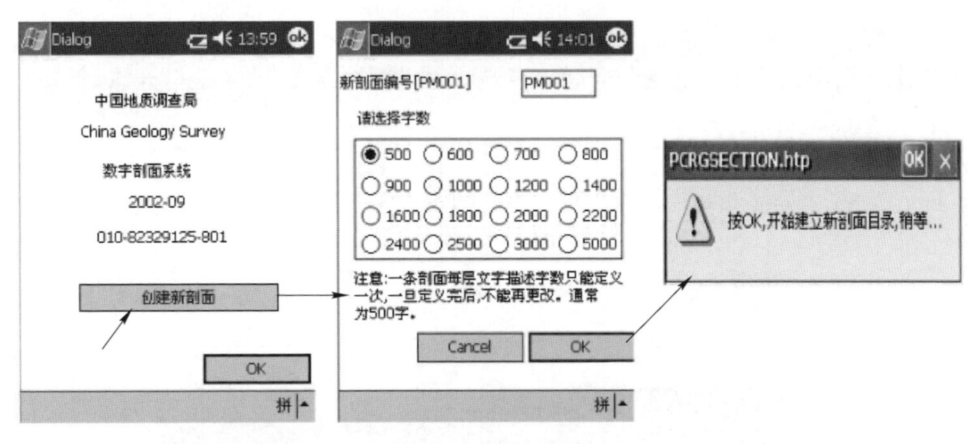

图 5-4　创建新剖面

（2）选择剖面工程文件。

（3）屏幕自动弹出剖面信息库的列表框，用户在“剖面号”用鼠标点击选中。

（4）然后按“EDIT”，出现如下对话框，输入剖面信息库的操作。

（5）剖面信息库输入完后，按“OK”即可，以后的操作均对此剖面操作，如图 5-5 所示。

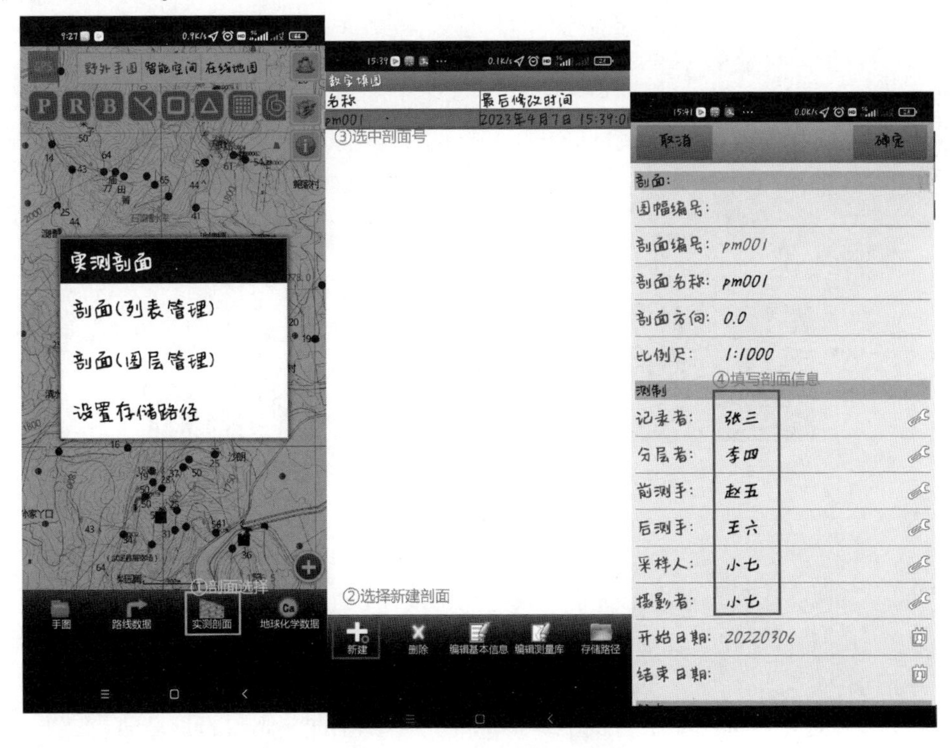

图 5-5　打开剖面各步骤界面

注意，要编辑剖面信息，必须在步骤③中首先选中剖面号，再点击“EDIT”，才能进入剖面信息库；创建剖面后，需要通过“剖面选择”，才能打开该剖面。

5.2.4　录入导线信息

（1）按“导线测量库”（必须是在“剖面选择”已经操作的情况下，即已选择剖面）。

（2）屏幕自动弹出导线库列表框，然后按“ADD”增加一条新的导线记录。其他按钮说明如图 5-6 所示。

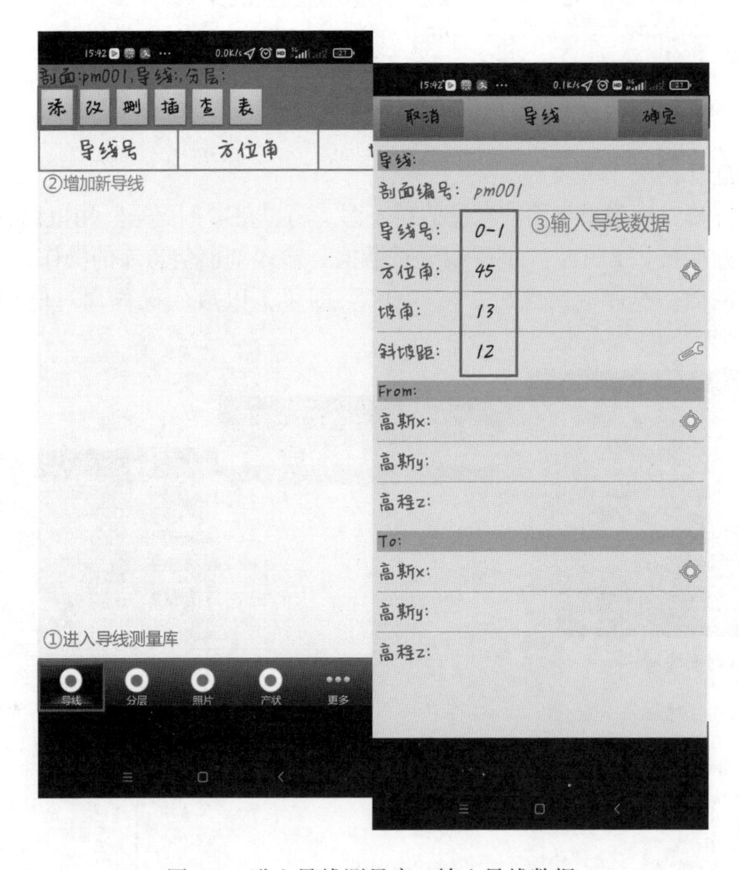

图 5-6　进入导线测量库，输入导线数据

1）DEL：在列表框中，选中一条记录，按“DEL”则删除该记录；

2）INSERT：在列表框中，选中一条记录，按“INSERT”，在该记录前增加一条记录；

3）EDIT：在列表框中，选中一条记录，按“EDIT”则编辑该记录；

4）CANCEL：推出新增导线的操作；

5）CLEAR：删除列表框中的所有记录。注意，需要按“OK”键后，才能真正把导线库的记录全部删除。

（3）在导线数据输入对话框后，按“OK”，导线数据自动加入到导线库的列表框。该导线库的列表框按导线的顺序排列。

5.2.5　输入分层库

（1）用户可在当前导线号的编辑框中查看，是否为当前数据采集的导线。如果不是，需在导线库选择一条导线（在该导线分层，同时在分层数据录入时，会自动把导线号带到分层数据库的导线记录项），然后按“分层数据库”按钮，如图 5-7 所示。

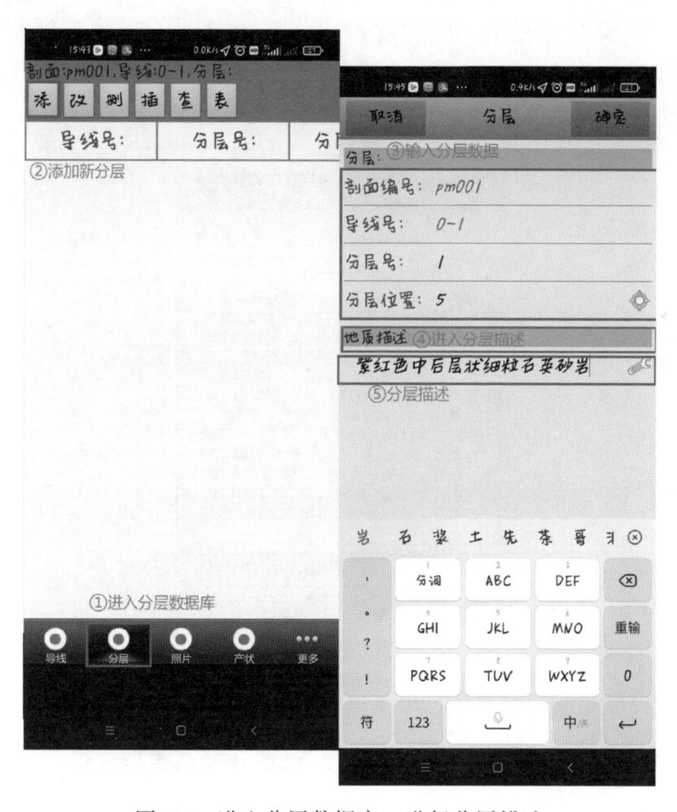

图 5-7　进入分层数据库，进行分层描述

（2）屏幕自动弹出分层库列表框，然后按“ADD”增加一条新的分层记录。其他按钮说明如下：

1）DEL：在列表框中，选中一条记录，按“DEL”则删除该记录；

2）INSERT：在列表框中，选中一条记录，按“INSERT”，在该记录前增加一条记录；

3）EDIT：在列表框中，选中一条记录，按“EDIT”则编辑该记录；

4）CANCEL：推出新增分层的操作；

5）CLEAR：删除列表框中的所有记录。注意，需要按“OK”键后，才能真正把分层库的记录全部删除。

(3) 在分层数据输入对话框后，按“OK”，分层数据自动加入到分层库的列表框。该分层库的列表框按分层的顺序排列。

(4) 分层描述。点击分层库列表右边的“分层描述”按钮进入分层描述对话框。

(5) 输入分层描述。可以采用字典和复制其他层文字描述的辅助方法共同完成该步骤。在编写过程中，建议用户经常使用“保存”按钮，避免文字丢失。请注意“复制”按钮的使用，此功能可以将其他分层的描述内容复制过来。点击“复制”按钮，出现以下对话框。选择相应分层，按“OK”键后，该编辑框的文字会自动进入分层文字的描述框，如图 5-8 所示。

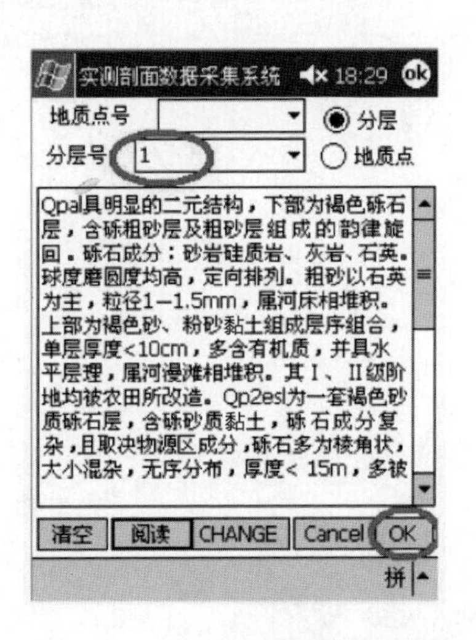

图 5-8 “复制”按钮的使用

(6) 按“OK”键后，完成该层描述，回到分层列表框。

5.2.6 输入照片数据

(1) 用户可在当前导线号和当前分层库的编辑框中查看，是否为当前数据采集的导线和分层。如果不是，需在导线库选择一条导线和分层库选择一个层号（在该导线和该层号进行照片数据采集，同时在照片数据录入时，会自动把导线号、分层号带到照片数据库的导线、分层记录项），然后按“照片”按钮，如图 5-9 所示。

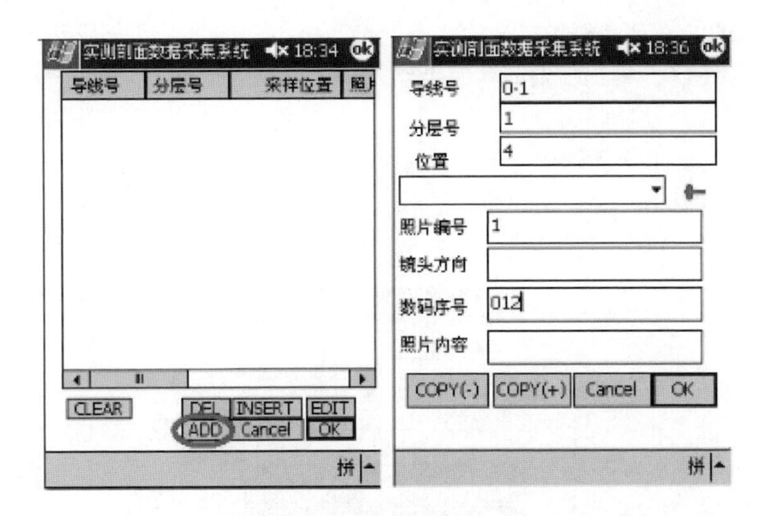

图 5-9　照片数据采集界面

(2) 屏幕自动弹出照片表框，然后按“ADD”增加一条新的照片记录。其他按钮说明如下：

1) DEL：在列表框中，选中一条记录，按“DEL”则删除该记录；

2) INSERT：在列表框中，选中一条记录，按“INSERT”，在该记录前增加一条记录；

3) EDIT：在列表框中，选中一条记录，按“EDIT”则编辑该记录；

4) CANCEL：推出新增照片的操作；

5) CLEAR：删除列表框中的所有记录。注意，需要按“OK”键后，才能真正把照片库的记录全部删除。

(3) 在照片数据输入对话框后，按“OK”键，照片数据自动加入到分层库的列表框。该照片库的列表框按分层和照片编号的顺序排列。

5.2.7　输入产状数据

(1) 用户可在当前导线号和当前分层库的编辑框中查看，是否为当前数据采集的导线和分层。如果不是，需在导线库选择一条导线和分层库选择一个层号（在该导线和该层号进行产状数据采集，同时在产状数据录入时，会自动把导线号、分层号带到产状数据库的导线、分层记录项），然后按“产状”按钮。

(2) 屏幕自动弹出产状表框，然后按“ADD”增加一条新的产状记录。其他按钮说明如下：

1) DEL：在列表框中，选中一条记录，按“DEL”则删除该记录；

2) INSERT：在列表框中，选中一条记录，按“INSERT”，在该记录前增加一条记录；

3）EDIT：在列表框中，选中一条记录，按“EDIT”则编辑该记录；

4）CANCEL：推出新增产状的操作。

5）CLEAR：删除列表框中的所有记录。注意，需要按“OK”键后，才能真正把产状库的记录全部删除。

（3）在产状数据输入对话框后，按“OK”键，照片数据自动加入到产状库的列表框。该产状库的列表框按分层和产状编号的顺序排列，如图 5-10 所示。

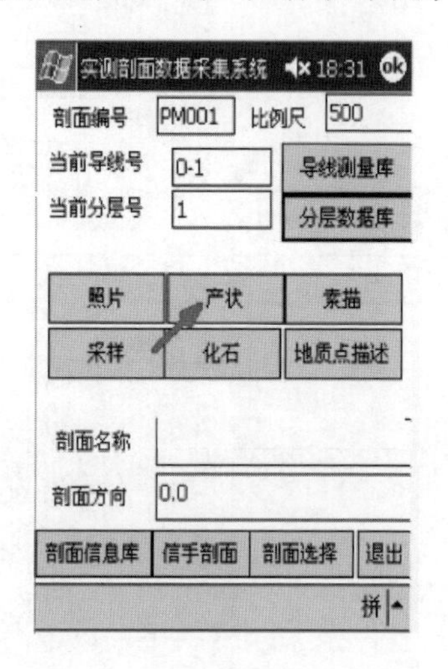

图 5-10　产状、素描等录入界面

注意，桌面剖面系统与野外采集系统录入方法一致。产状、素描、采样等其他数据库操作方法一样。

5.2.8　输入素描数据

（1）用户可在当前导线号和当前分层库的编辑框中查看，是否为当前数据采集的导线和分层。如果不是，需在导线库选择一条导线和分层库选择一个层号（在该导线和该层号进行素描数据采集，同时在素描数据录入时，会自动把导线号、分层号带到素描数据库的导线、分层记录项），然后按“素描”按钮。

（2）屏幕自动弹出素描表框，然后按“ADD”增加一条新的产状记录。其他按钮说明如下：

1）DEL：在列表框中，选中一条记录，按“DEL”则删除该记录；

2）INSERT：在列表框中，选中一条记录，按“INSERT”，在该记录前增加一条记录；

3）EDIT：在列表框中，选中一条记录，按“EDIT”则编辑该记录；

4）CANCEL：退出新增素描的操作；

5）CLEAR：删除列表框中的所有记录。注意，需要按“OK”键后，才能真正把素描库的记录全部删除。

（3）点击“进入素描工具”编辑素描图。下面分别演示绘制素描图的基本操作：

1）演示“添加线”：

①首先点击“图层”；

②选择线图层，注意不要对格网 DLGrid. wl 图层操作，该图层是厘米格网；

③选择“流线”；

④然后在图上相应位置手动勾勒出路线，笔不抬，抬笔后该线结束，该线会自动闪烁。

2）演示“添加点”：

①选“图层”按钮；

②选点图层；

③从两个组合框中分别选择“添加点”和“子图”；

④在屏幕上点击位置，然后会弹出对话框，按“子图号”按钮，选择符号，然后输入符号的其他参数；

⑤符号自动显示在指定的位置上。

（4）关闭素描图框后，将素描数据输入对话框，按“OK”键，素描数据自动加入到素描库的列表框。该素描库的列表框按分层和素描编号的顺序排列。

5.2.9 输入采样数据

（1）用户可在当前导线号和当前分层库的编辑框中查看，是否为当前数据采集的导线和分层。如果不是，需在导线库选择一条导线和分层库选择一个层号（在该导线和该层号进行采样数据采集，同时在采样数据录入时，会自动把导线号、分层号带到采样数据库的导线、分层记录项），然后按“采样”按钮。

（2）屏幕自动弹出采样表框，然后按“ADD”增加一条新的采样记录。其他按钮说明如下：

1）DEL：在列表框中，选中一条记录，按“DEL”则删除该记录；

2）INSERT：在列表框中，选中一条记录，按“INSERT”，在该记录前增加一条记录；

3）EDIT：在列表框中，选中一条记录，按“EDIT”则编辑该记录。

4）CANCEL：退出新增采样的操作。

5）CLEAR：删除列表框中的所有记录。注意，需要按“OK”键后，才能真正把采样库的记录全部删除。

（3）在采样数据输入对话框，按“OK”，采样数据自动加入到采样库的列表框。该采样库的列表框按分层和采样编号的顺序排列。

5.2.10 输入化石数据

（1）用户可在当前导线号和当前分层库的编辑框中查看，是否为当前数据采集的导线和分层。如果不是，需在导线库选择一条导线和分层库选择一个层号(在该导线和该层号进行化石数据采集，同时在化石数据录入时，会自动把导线号、分层号带到化石数据库的导线、分层记录项)，然后按“化石”按钮。

（2）屏幕自动弹出化石表框，然后按“ADD”增加一条新的化石记录。其他按钮说明如下：

1）DEL：在列表框中，选中一条记录，按“DEL”则删除该记录；

2）INSERT：在列表框中，选中一条记录，按“INSERT”，在该记录前增加一条记录；

3）EDIT：在列表框中，选中一条记录，按“EDIT”则编辑该记录；

4）CANCEL：退出新增化石的操作；

5）CLEAR：删除列表框中的所有记录。注意，需要按“OK”键后，才能真正把化石库的记录全部删除。

（3）在化石数据输入对话框，按“OK”，化石数据自动加入到化石库的列表框。该化石库的列表框按分层和化石编号的顺序排列。

5.2.11 编辑剖面信息库

（1）用户可在当前剖面编号的编辑框中查看，是否为当前剖面编号。如果不是，需在剖面选择选择一条剖面。然后按“剖面信息库”按钮。

（2）屏幕自动弹出剖面信息库列表框，然后根据需要选择按钮。按钮功能说明如下：

1）DEL：在列表框中，选中一条记录，按“DEL”则删除该记录；

2）INSERT：在列表框中，选中一条记录，按“INSERT”，在该记录前增加一条记录；

3）EDIT：在列表框中，选中一条记录，按“EDIT”则编辑该记录；

4）CANCEL：退出新增地质点的操作；

5）CLEAR：删除列表框中的所有记录。注意，需要按“OK”键后，才能真正把地质点库的记录全部删除。

（3）在剖面信息库数据输入对话框，按“OK”，剖面信息库数据自动加入到剖面信息库的列表框。该剖面信息库的列表框按先后的顺序排列，如图 5-11 所示。

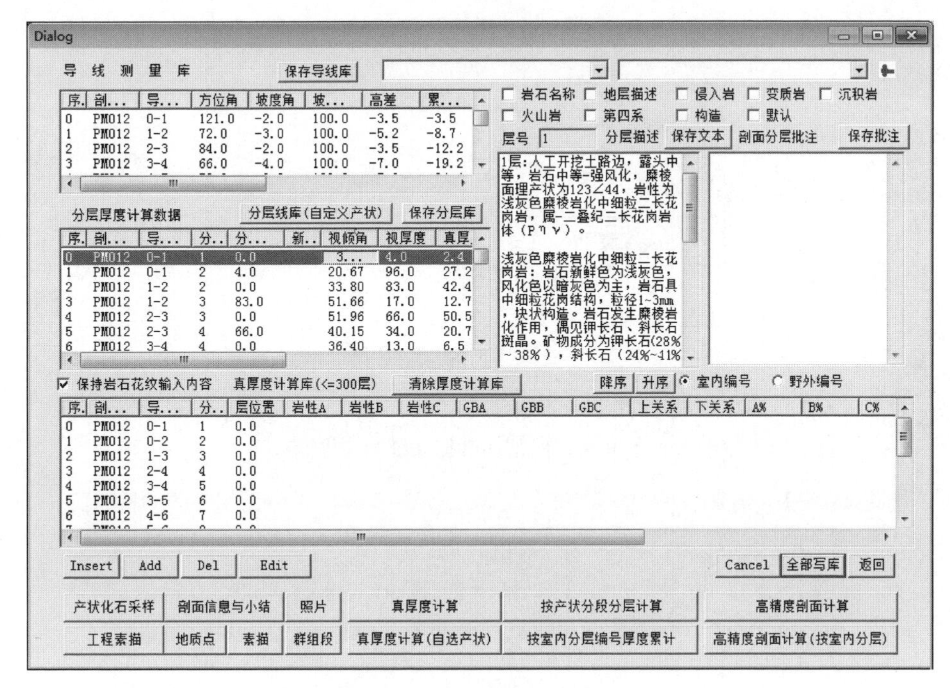

图 5-11 剖面信息库数据输入对话框界面

5.3 数字剖面桌面系统操作

5.3.1 野外数据传输到台式机或手提电脑

(1) 在掌上机找到剖面数据所在的目录，并将其通过传输线或者 SD 卡传输到桌面。

(2) 把掌上机的剖面数据拷贝到桌面任一目录。

5.3.2 启动数字剖面桌面系统程序

安装完程序后，安装程序会在 Windows 系统的“开始”菜单系下，安装数字填图系统所有程序。

可用鼠标点击“开始”菜单，依次点击所有程序“数字填图桌面系统”“数字剖面”即可。也可把此菜单发送到桌面屏幕上。

打开“数字剖面”，即可启动该系统。数字剖面桌面系统启动后的对话界面如图 5-12 所示。

5.3.3 野外剖面数据导入桌面系统

野外剖面数据导入桌面系统界面，如图 5-13 所示。

图 5-12　室内剖面数据系统操作界面

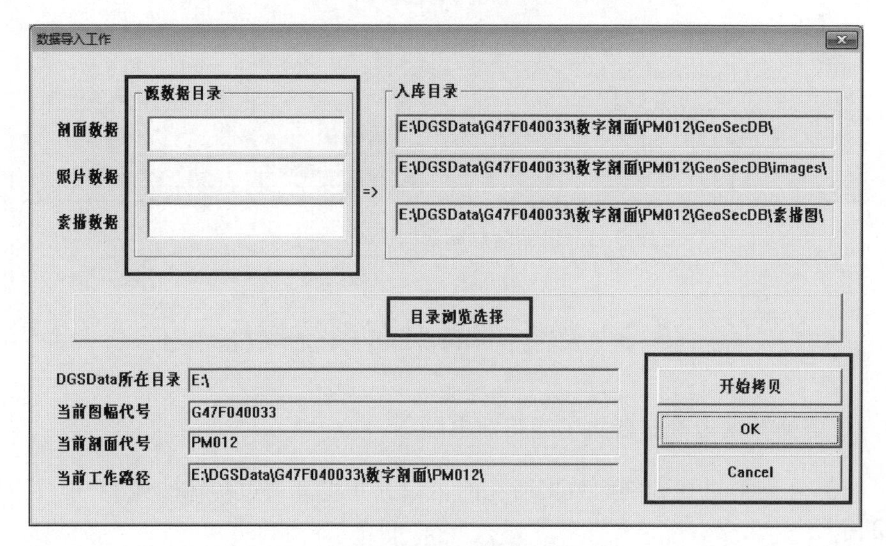

图 5-13　野外数据导入桌面系统界面

5.3.3.1　直接拷贝

该方法简单实用，直接把掌上机的剖面数据先拷在任一硬盘的目录上。然后，打开此目录，点击“类型”，所有 DBF 文件后缀都会自动排列在一起，然后，按下“SHIFT”，点击 DBF 文件首行和末行，按鼠标右键，按复制。复制的位置是桌面该剖面下的位置。把该文件全部复制到桌面该剖面下的位置，覆盖即可，如图 5-13 所示。

5.3.3.2　程序导入

(1) 选择“剖面数据导入”菜单。

(2) 选择 CF 上的剖面号目录，也可把它先拷在任一硬盘上，然后选择。

（3）剖面自动拷入后，会显示如图5-14所示对话框，按“OK”键即可完成任务。

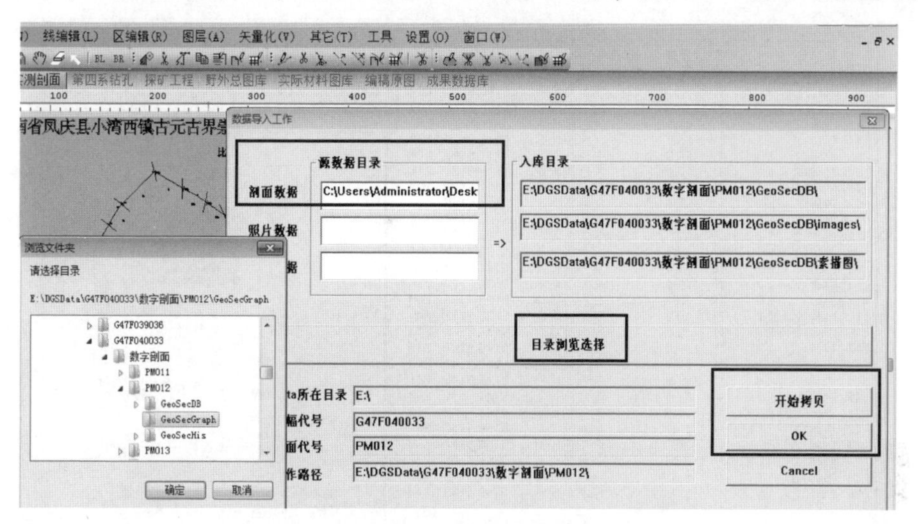

图5-14　野外剖面数据直接拷贝到桌面系统

5.3.4　照片数据导入

（1）按图5-15选择菜单。

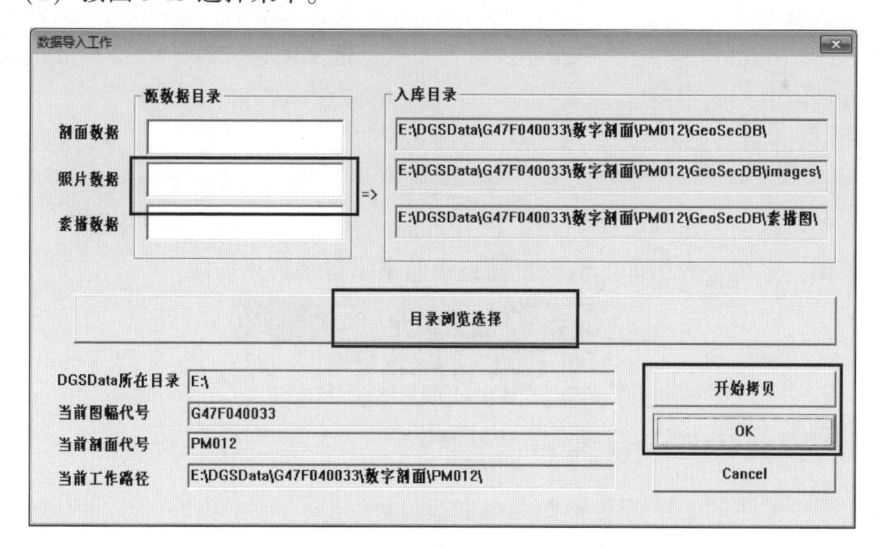

图5-15　剖面照片导入界面

（2）回到室内，先把数码相机的照片拷在计算机硬盘上的一个目录上。然后，在弹出的菜单上，先用鼠标点击源数据目录的“照片数据”编辑框，然后，按“目录浏览选择”按钮，选择照片目录。接着按“开始拷贝”按钮即可开始拷贝，如图5-15所示。

（3）可以按“默认参数配置”按钮，查看目录设置是否正确，如图 5-16 所示。

照片数据库编辑

序	剖面号	导...	分...	位置	编...	说明	数码号	摄影
0	PM012	0-1	1	0.0	1	浅灰色糜...	5104,5105	23
1	PM012	0-1	2	4.0	1	浅灰色黑云...	5106,51...	264
2	PM012	1-2	2	11.0	2	浅灰色黑云...	5109,5110	243
3	PM012	1-2	3	83.0	1	灰色斜长石...	5111,5112	19
4	PM012	2-3	3	23.0	2	灰色斜长石...	5113,5116	169
5	PM012	2-3	4	66.0	1	灰色长英质...	5117,5118	207
6	PM012	3-4	5	13.0	1	灰色糜棱岩...	5119,5120	211
7	PM012	3-4	6	77.0	1	灰白色二长...	5121,5123	197
8	PM012	4-5	7	61.0	1	灰色花岗片...	5124,5125	107
9	PM012	5-6	8	9.0	1	灰色黑云斜...	5126,5127	176
10	PM012	6-7	9	0.0	1	暗灰色细白...	5128,5129	256
11	PM012	6-7	9	4.0	2	深灰色斜长...	5130,5131	256
12	PM012	6-7	10	65.0	1	灰色斜长片...	5132,5133	252
13	PM012	6-7	10	78.0	2	石英透镜体...	5134	256
14	PM012	7-8	10	2.0	3	石英透镜体...	5135	253
15	PM012	7-8	11	19.0	1	灰色片麻岩...	5136,5137	246
16	PM012	7-8	11	44.0	2	灰色片麻岩...	5138，5...	244
17	PM012	7-8	12	63.0	1	灰色片麻岩...	5140,5141	216
18	PM012	7-8	12	93.0	2	灰色片麻岩...	5142,2143	263
19	PM012	8-9	13	97.0	1	灰色花岗片...	5145,5146	261
20	PM012	9-10	14	51.0	1	深灰色长英...	5147	257
21	PM012	9-10	14	51.0	2	深灰色长英...	5148,5149	272
22	PM012	10-11	14	1.0	3	深灰色长英...	5150,5152	267
23	PM012	10-11	14	70.0	4	深灰色长英...	5153,5154	276
24	PM012	11-12	15	0.0	1	灰色斜长片...	5155,5166	272
25	PM012	12-13	15	0.0	2	灰色斜长片...	5157	107
26	PM012	14-15	16	5.0	3	浅灰色糜棱...	5158,5159	244

分层照片(可双击打开)　　预览照片

DSC05104.JPG
DSC05105.JPG

Add　Insert　Edit　Del　写库　返回　Cancel

图 5-16　照片显示与浏览

注意，照片无法导入的原因有：（1）照片数码序号之间为逗号相隔，不是在英文状态下操作的；（2）操作有误，数码序号录入错误；（3）照片文件夹存放在 NTFS 格式的硬盘中，可能导致导入失败，把文件存放在 FAT32 格式的硬盘中，就可以解决这个问题了。

5.3.5　素描数据解包

野外数据导入桌面系统后，如果有素描图，必须操作此步。按图 5-17 所示选择菜单，系统会对当前的剖面素描目录的素描自动解压还原。

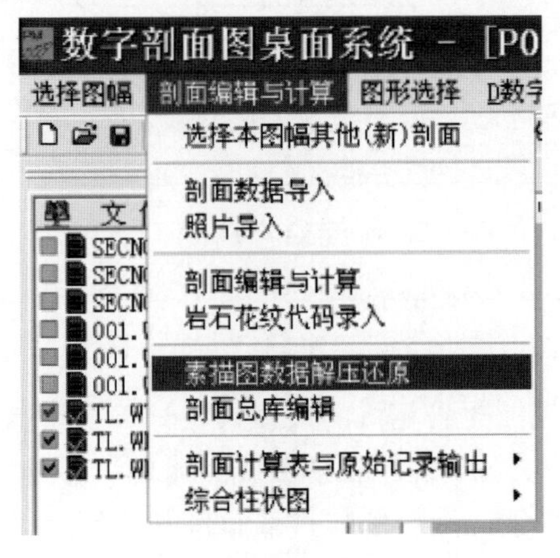

图 5-17　自动解压还原

5.4　剖面图与柱状图制作

5.4.1　资料整理、检查、编辑与剖面厚度计算

剖面数据的编辑与整理主要包括对各个库中的记录进行校正和完整性检查、分层的室内归并、真厚度计算、照片的导入、素描图完备程度及剖面小结的编写等，如图 5-18 所示。特别注意分层线库和分层数据库产状的选取等。

剖面厚度计算界面如图 5-19 所示。该系统提供了多种计算厚度计算方法，分述如下。

5.4.1.1　真厚度计算

（1）按图 5-18 所示菜单，按图 5-19 打开“剖面编辑与计算菜单”。

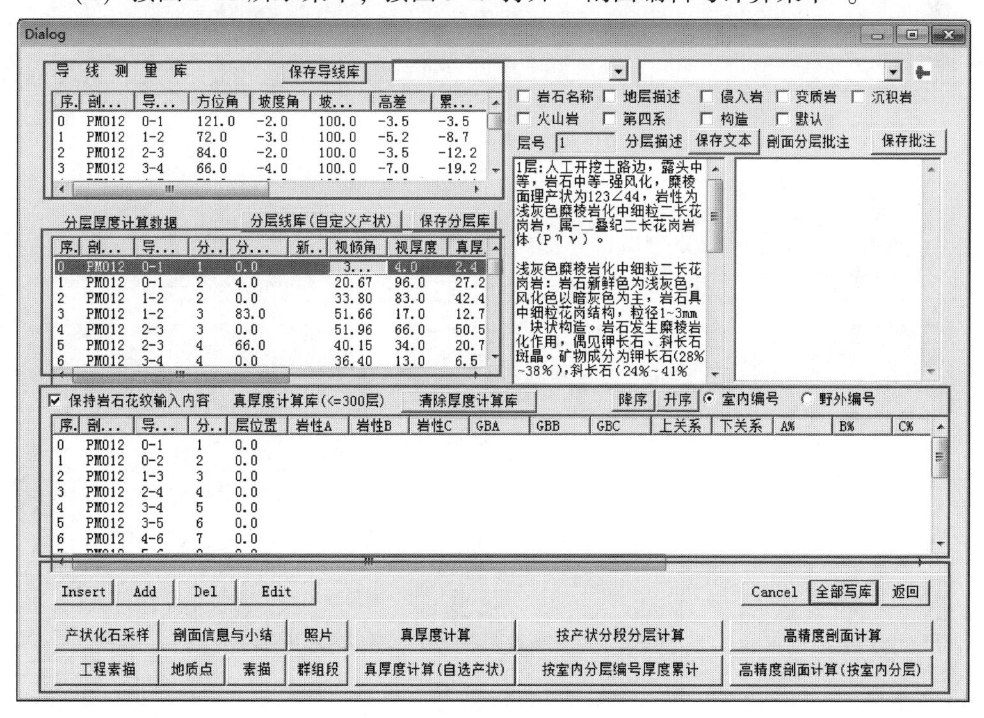

图 5-18　剖面整理编辑与厚度计算界面

（2）弹出数据录入编辑主界面。在数据录入编辑主界面上，按真厚度计算按钮。

（3）系统自动计算分层厚度。分层厚度的产状选取是按就近原则选取来计算该层的厚度。计算完毕，在厚度计算框中（最下面的编辑框中）自动填入计算结果，如图 5-20 所示。

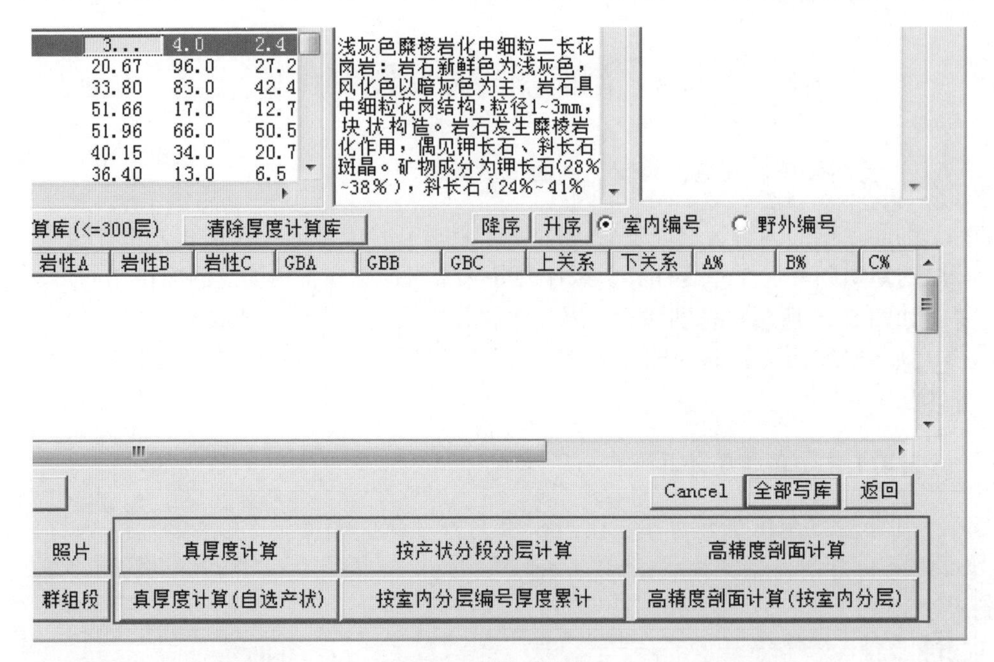

图 5-19　厚度计算界面

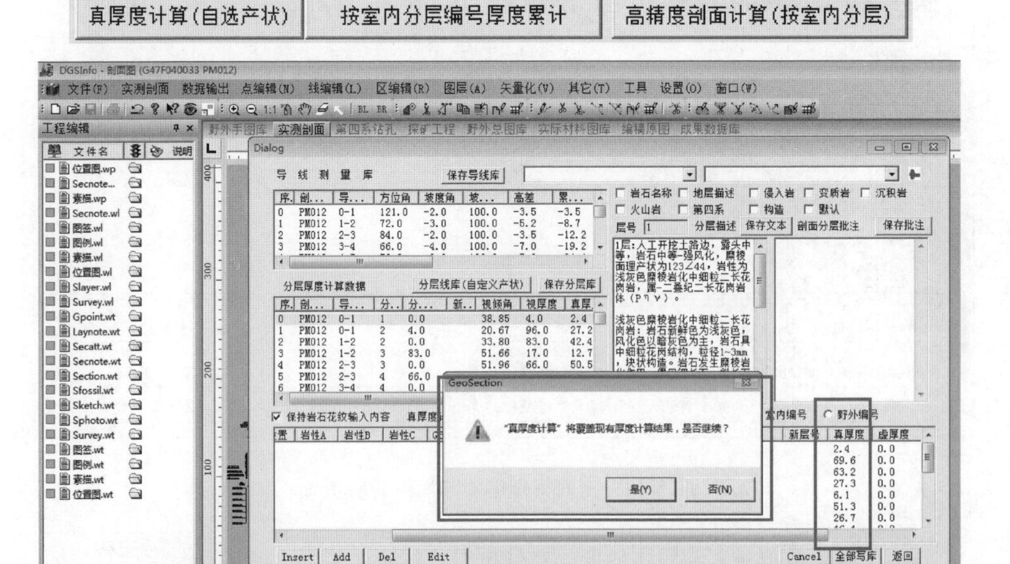

图 5-20　真厚度计算界面

5.4.1.2　自选产状剖面厚度计算

所谓自选产状剖面厚度计算，就是允许用户根据层的情况选取产状，因为程序按就近原则选取产状来计算该层的厚度不一定合理。用户可以在分层厚度计算编辑框中，查看产状值是否合理，也可通过图上来检查。用户可通过 EDIT 来修改任意一层的计算用的产状。

修改完毕，用户按“真厚度计算（自选产状）”按钮，即可按照用户选择后的产状重新计算，如图 5-21 所示。

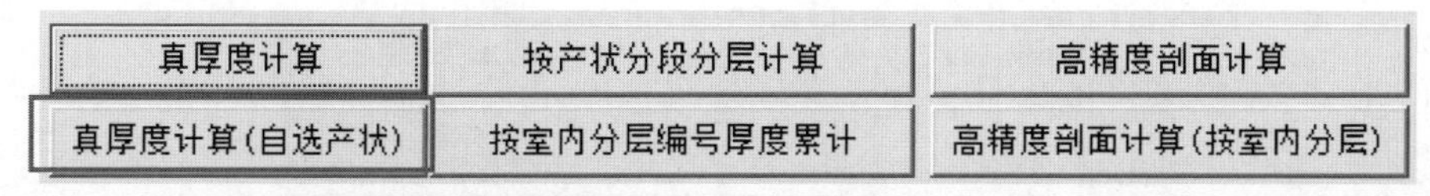

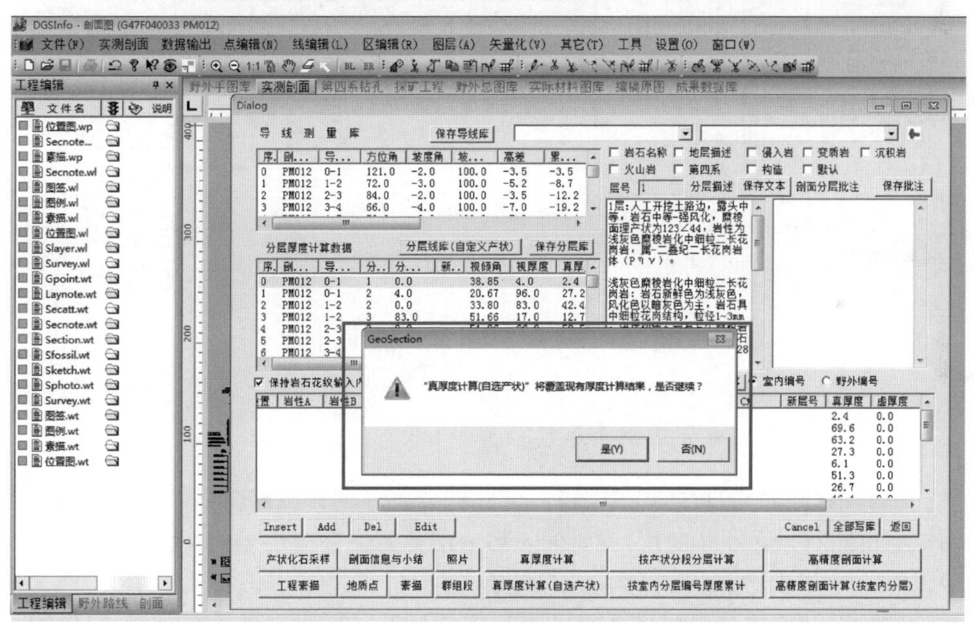

图 5-21　自选产状剖面厚度计算界面

5.4.1.3　按产状分段分层剖面厚度计算

按产状分段分层剖面厚度计算是根据野外剖面数据采集的规则，解决向背斜厚度计算的方法。数据采集的规则见野外数据采集操作说明，如图 5-22 所示。

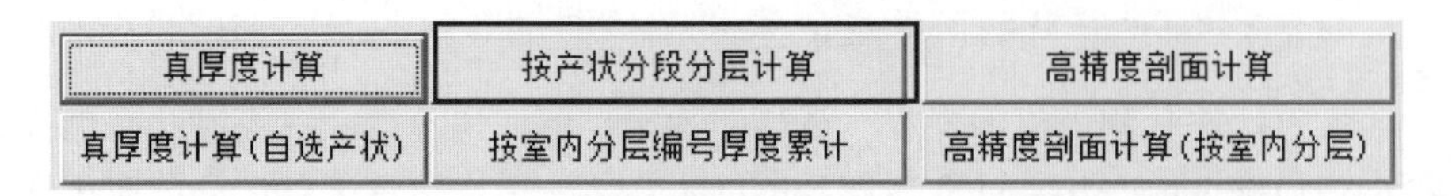

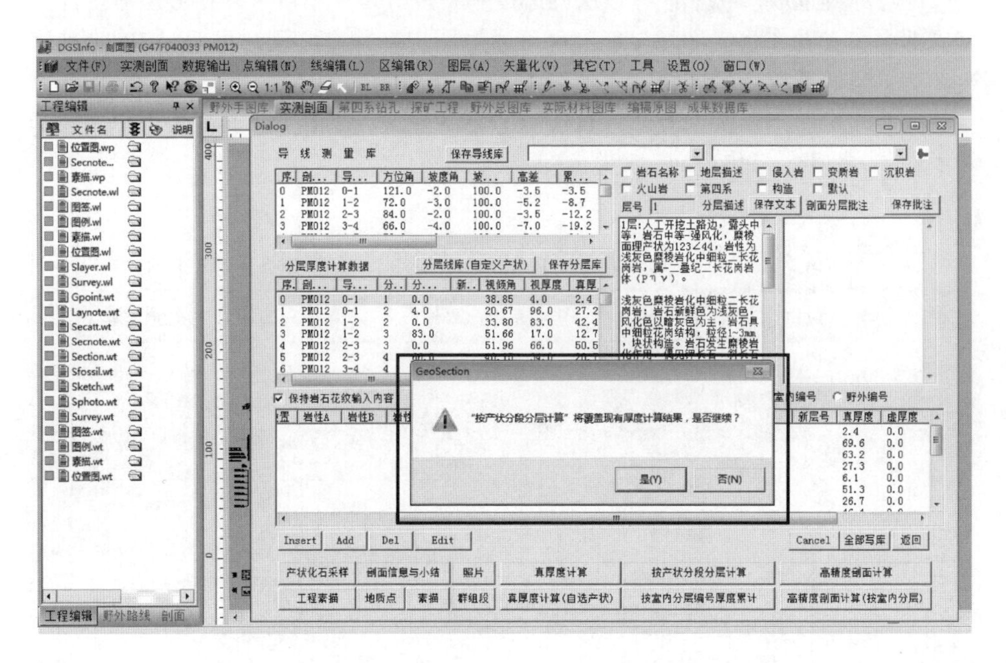

图 5-22　按产状分段分层剖面厚度计算

5.4.1.4　按室内分层剖面厚度计算

（1）内分层号的数据录入编辑。可以把分层厚度计算编辑框的字段说明条，用鼠标拉开新分层号（变宽），要输入那一层，双击新分层号，在该位置会变成编辑框，用户可直接输入。要输入其他新分层号，重复此步骤即可。

（2）按“室内分层编号厚度累计”按钮计算，计算完毕，在厚度计算框中（最下面的编辑框中），自动填入计算结果，如图 5-23 所示。

（3）高精度剖面厚度计算。高精度剖面厚度计算，真厚度就是导线（斜距）的长度。计算完毕，在厚度计算框中（最下面的编辑框中），自动填入计算结果。

（4）高精度剖面厚度（按室内分层）计算。室内分层号的数据录入编辑。可以把分层厚度计算编辑框的字段说明条，用鼠标拉开新分层号（变宽），要输入那一层，双击新分层号，在该位置会变成编辑框，用户可直接输入。要输入其他新分层号，重复此步骤即可。按“高精度剖面计算（按室内分层）”按钮计算，计算完毕，在厚度计算框中（最下面的编辑框中），自动填入计算结果。

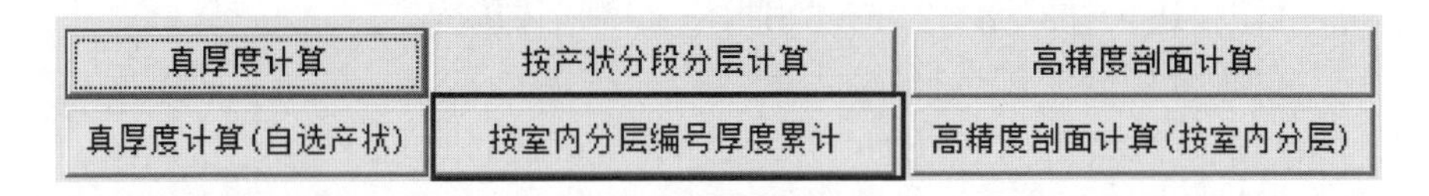

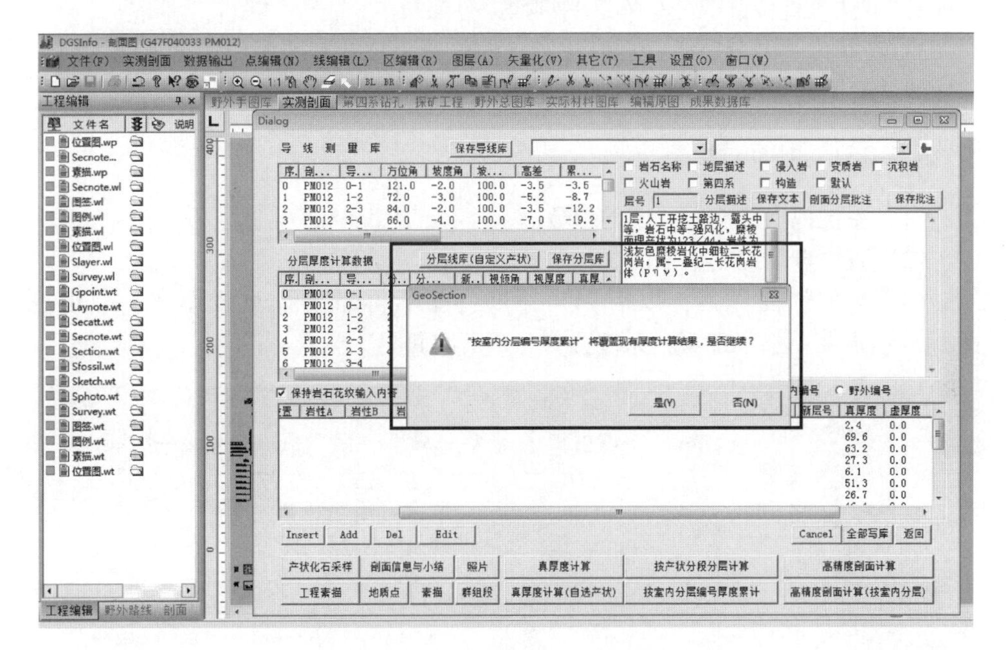

图 5-23　室内分层剖面厚度计算

5.4.2　柱状图、剖面图绘制

5.4.2.1　柱状图和剖面图绘制参数输入

比例尺：全图的比例尺。

纵向比例尺：用户希望对纵向方向进行放大，可输入该比例尺，通常与比例尺相同。

其他参数说明：

（1）顶底绘制选择：

1）由底到顶：画柱子时，最上层号是剖面数据采集的最后一个层号，然后倒序由上往下绘制。

2）由顶到底：画柱子时，最上层号是剖面数据采集的第一个层号，然后按顺序由上往下绘制。

（2）柱状图文字描述选择：

1）原始描述：柱状图文字描述用文字描述内容。

2）批注描述：柱状图文字描述用批注文字描述内容。

（3）剖面分层线绘制选择：

1）自定义分层线：直接读取自定义分层库绘制剖面的分层线。

2）默认：直接读取分层库绘制剖面的分层线。

3）产状位置画分层线：可以在产状的位置上按产状要素绘制分层线，但分层线的长度比正常的分层线短一些。该功能便于用户画岩层花纹。

5.4.2.2　剖面图绘制

（1）系统弹出绘制柱状图的参数。

（2）程序自动绘制剖面图。

（3）生成剖面图后，以后调出图时，就不再需要计算成图了，直接按图 5-24 所示菜单选择即可，系统会自动调出剖面图。

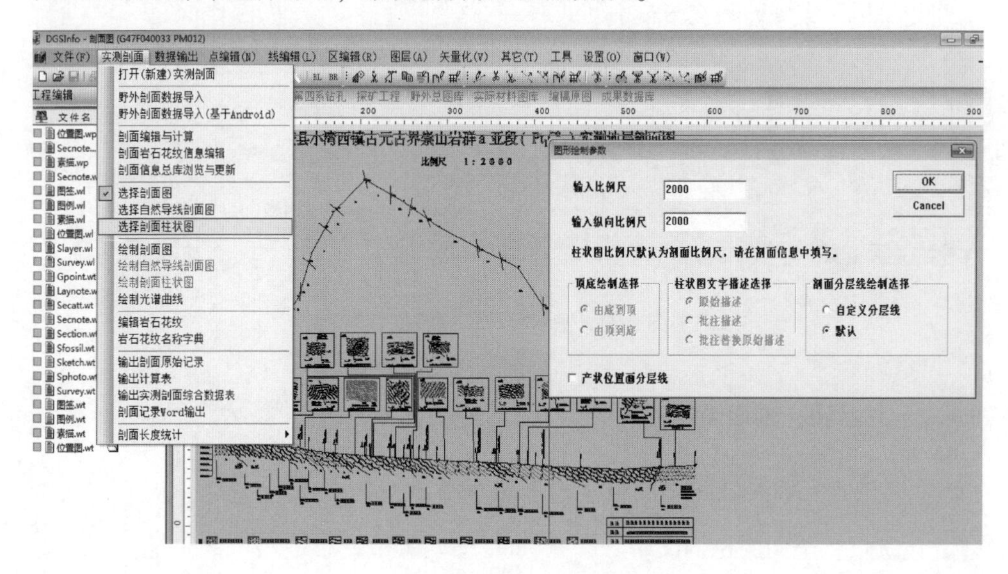

图 5-24　剖面图绘制

5.4.2.3　柱状图绘制

（1）系统弹出绘制柱状图的参数。

（2）程序自动绘制柱状图。

（3）生成柱状图后，以后调出图时，就不再需要计算成图了，直接按图 5-25 所示菜单选择即可，系统会自动调出柱状图。

5.4.2.4　柱状图群组段录入

该数据用于剖面柱状图绘图。

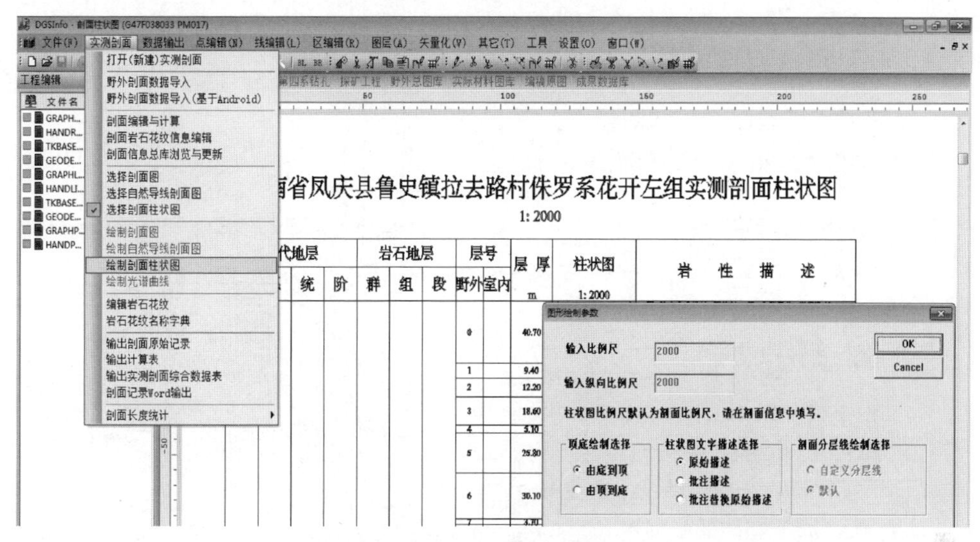

图 5-25　柱状图的绘制

（1）按图 5-24 所示选择菜单。

（2）系统自动弹出剖面数据主界面，按“群组段”按钮，系统弹出“群组段”录入界面。

（3）该系统只输入“群组段”，“界系统”由用户直接在图上编辑输入即可。

“群”的输入：点击“地层单位名称”的编辑框，在字典中，查找“群”的名称，当然，也可直接输入。在 GRAD 编辑框中，从字典编辑框中，选“4-群”。然后，在始层号和终层号中，填入群的层范围，本节中以 1～30 层均为武夷层举例。这些参数输入完毕，按“发送至列表框”。在列表框中，显示 1-30-4 武夷层，其意义分别为：1-30 表示层的范围，4 表示群的等级，最后为群的名称。

（4）“组”的输入：点击“地层单位名称”的编辑框，在字典中，查找“组”的名称，当然，也可直接输入。在 GRAD 编辑框中，从字典编辑框中，选“5-组”。然后，在始层号和终层号中，填入“组”的层范围，本节中以 1～10 层均为天井坪组举例。这些参数输入完毕，按“发送至列表框”。在列表框中，显示 1-10-5 天井坪组，其意义分别为：1-10 表示层的范围，5 表示组的等级，最后为组的名称。

（5）“段”的输入：点击“地层单位名称”的编辑框，在字典中，查找“段”的名称，当然，也可直接输入。在 GRAD 编辑框中，从字典编辑框中，选“6-段”。然后，在始层号和终层号中，填入“段”的层范围，本节中以 11～13 层均为长汀浅变质岩系举例。这些参数输入完毕，按“发送至列表框”。在列表框中，显示 11-13-6 长汀浅变质岩系，其意义分别为：11-13 表示层的范围，6 表示段的等级，最后为段的名称。

5.4.2.5　柱状图花纹录入

该数据用于剖面、柱状图绘图。

（1）按图 5-26 所示选择菜单。

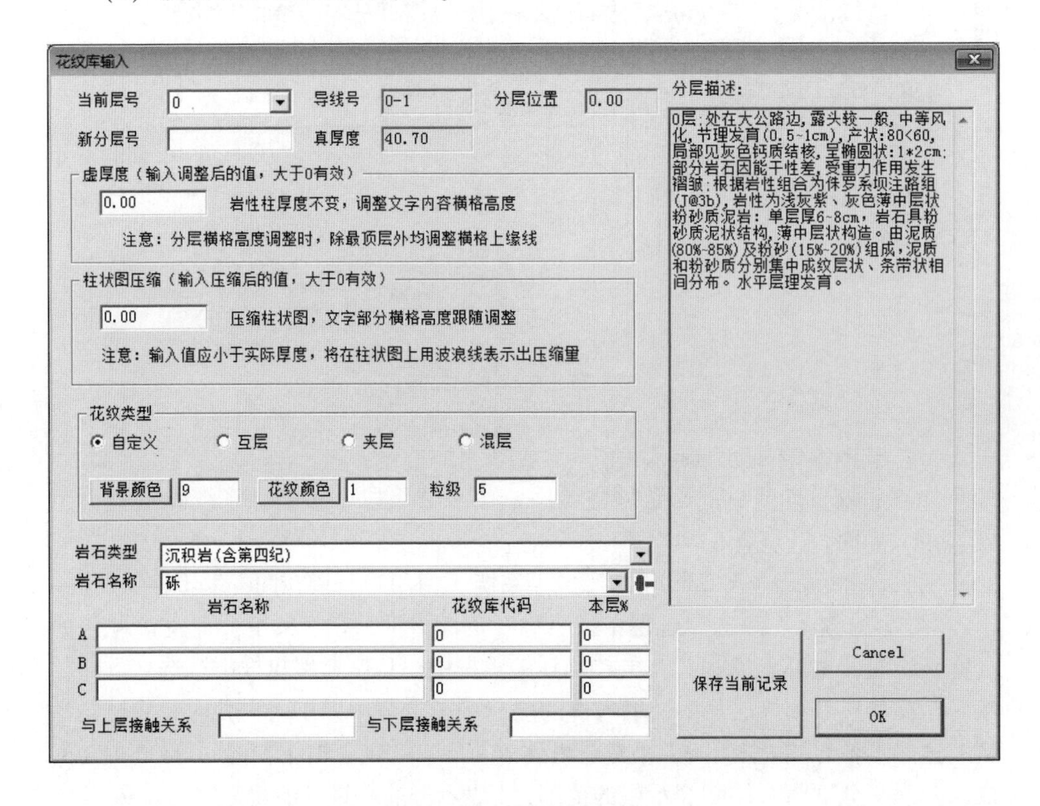

图 5-26　岩石花纹代码输入界面

（2）在花纹库录入主界面绘制剖面柱状图时，每一层的岩石花纹需要按此步输入。剖面柱状图才能画出岩石花纹。选层号，如 1 层。对话框左边会出现第一层的文字描述。

（3）根据文字描述，选择岩类字典，如沉积岩。

（4）在岩石名称字典中，选要绘制的岩石花纹，如炭质页岩。

（5）点击岩石名称的编辑框 A，然后点击字典边的红锤子。岩石花纹名称会自动填入编辑框。

（6）如果在一层中，有多个岩性（最多可 3 个），可按步骤（4）在编辑框 B 或编辑框 C 中输入另外的岩石名称，这时候，要注意“本层%”之和要等于 100%才行。

（7）接触关系输入，先用鼠标点击“与上层接触关系”，字典框（岩石名称）会出现接触关系的字典内容，用户可以选择，然后点击字典边的红锤子。接触关系名称会自动填入编辑框。

5.4.2.6　剖面、柱状图横格高度调整

在柱状图中，由于各层的厚度不同，造成分层描述字体很小，在图中显得很拥挤。在不改变分层厚度的情况下，把各层层号、层厚和分层描述的顶界的位置称为横格高度，为了使柱状图美观整齐，对各层的横格高度进行调整，如图5-27所示。

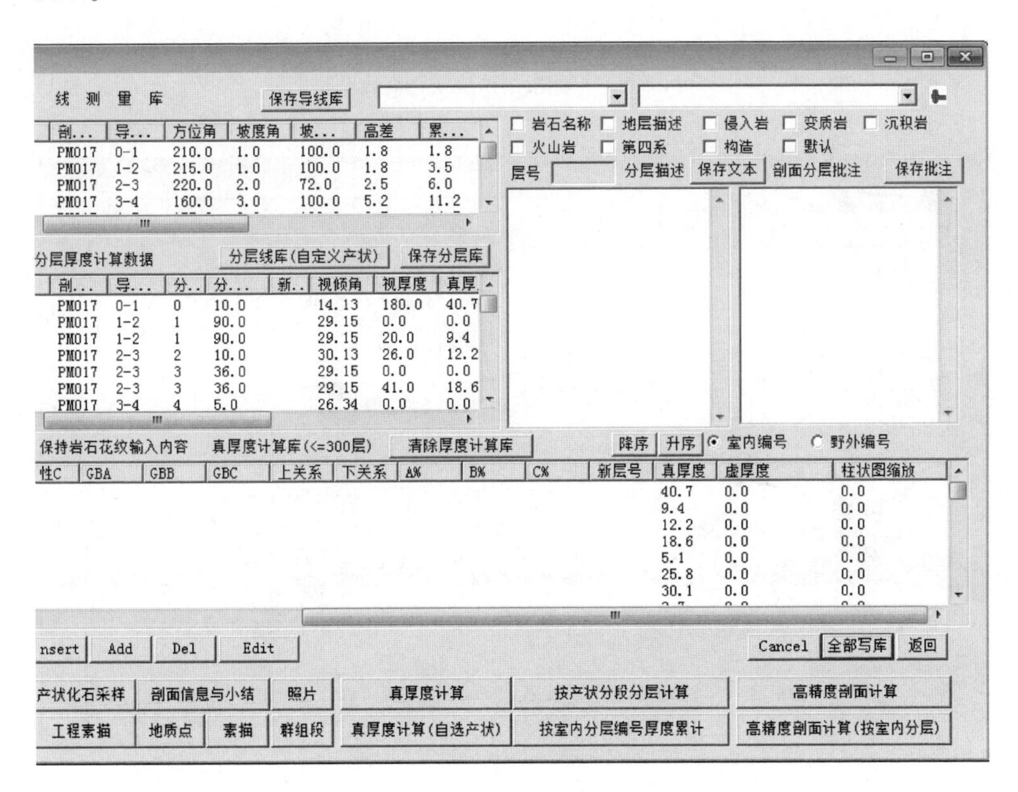

图5-27　柱状图横格高度调整

调整的方法有两种：（1）手工移动横格高度，这种方法不便操作。（2）计算机自动进行横格高度的调整。

最小横格高度以剖面最小厚度的5倍为宜，这样分层描述基本合适，如剖面比例尺为1∶5000，则剖面表达的最小厚度为5m，横格高度选为25m，剖面比例尺为1∶2000，则横格高度为10m，如图5-28所示。

调整横格高度是在数字剖面桌面系统编辑及计算库中进行，调整后的横格高度放在剖面计算库的虚厚度中，如图5-29所示。

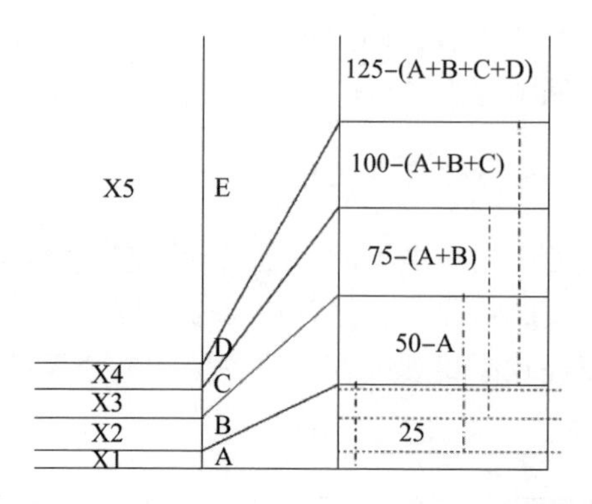

图 5-28　数字剖面桌面系统横格高度调整图

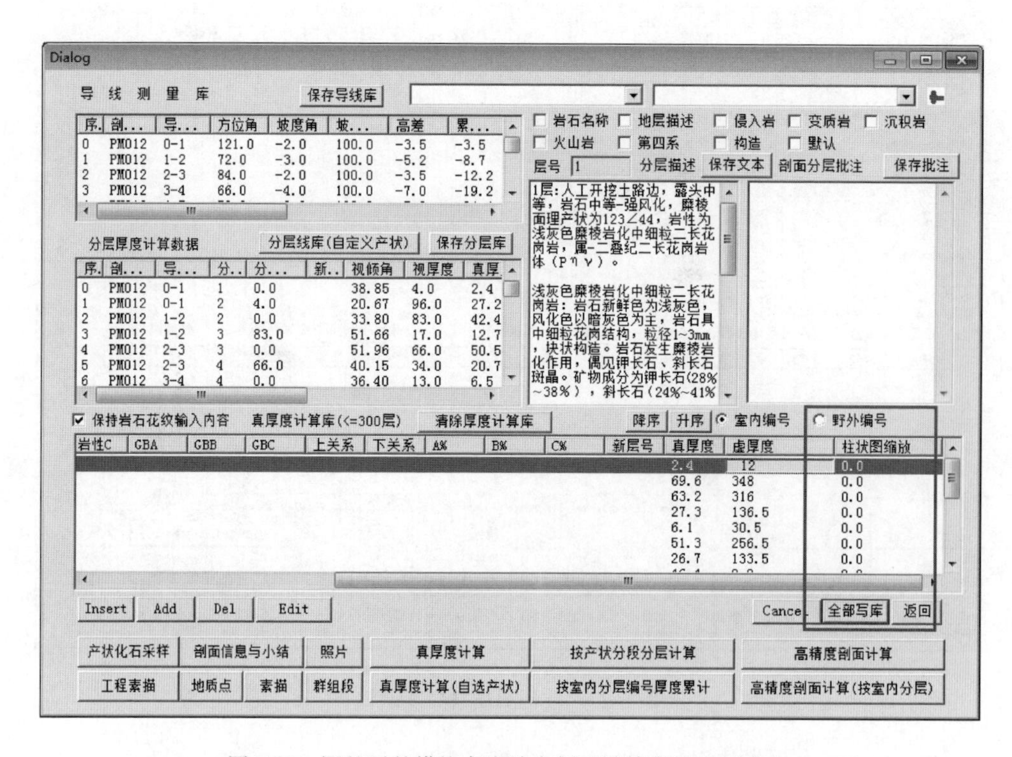

图 5-29　调整后的横格高度放在剖面计算库的虚厚度中

5.4.2.7　编辑生成打印剖面和柱状图

编辑生成打印剖面和柱状图时应注意如下事项：

(1) 在剖面图和柱状图自动生成后，之后对图的编辑最好是在新建的文件图层中进行，以免误操作丢失修改资料；

（2）一条剖面可能需要数日才能完成野外测制，一定要做好数据日备份；

（3）由于导线方位累计误差致使剖面线投影到地形图时出现位置偏差，需在导线测量库校正导线方位。

5.5　剖面数据进入数字填图系统

（1）在剖面系统中对每条剖面进行导入图幅剖面库的操作如图 5-30 所示；

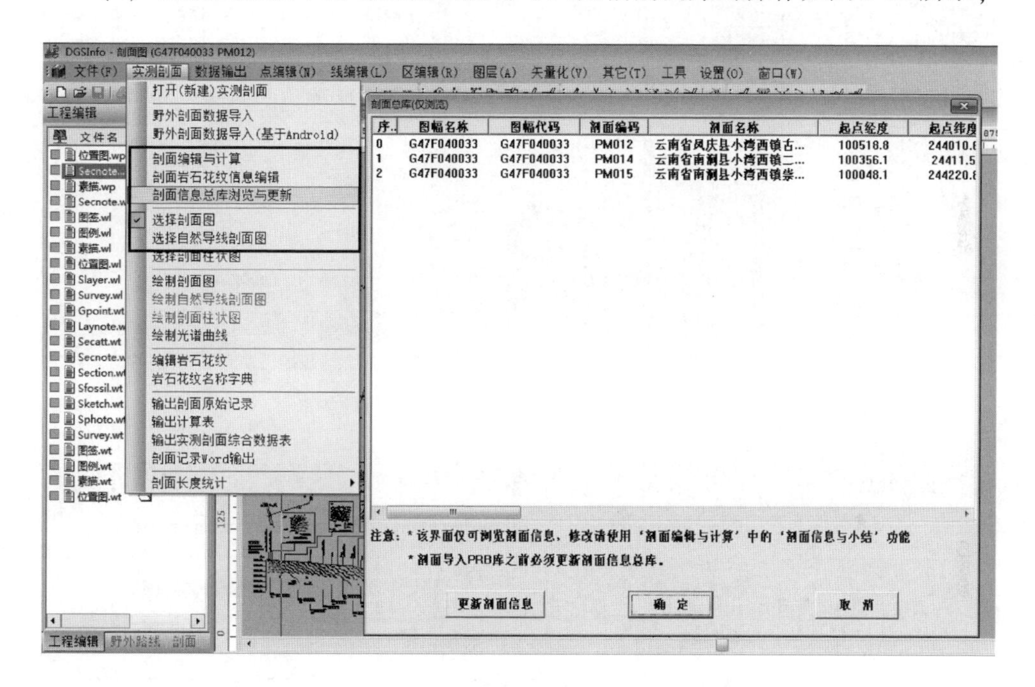

图 5-30　导入图幅剖面库的操作

（2）图幅 PRB 库中导入剖面数据如图 5-31 所示；

（3）选择剖面如图 5-32 所示；

（4）进入到数字填图系统中的数字地质剖面如图 5-33 所示。

其中注意事项如下：

（1）剖面信息库中的剖面公里网坐标值要填写正确，X 代表横坐标，必须返岗"带号"去掉，如横坐标为 18272000，填写时把 18 带去掉，正确写法是 27200，是六位数，纵坐标 Y 不存在这个问题。做法和 MAPGIS 中输入坐标是一致的。

（2）注意正确检查所录入的剖面导线方位角的正确性，否则导入会失败。曾经有人把 355°输为−5°，结果导入到 PRB 库中，找不见剖面线。

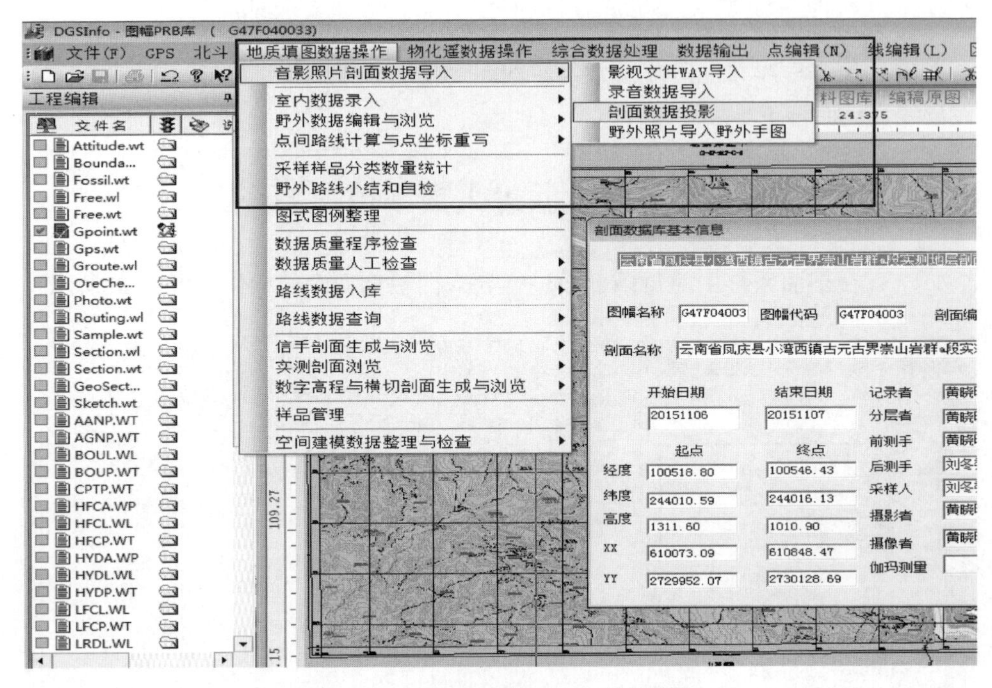

图 5-31　图幅 PRB 库中导入剖面数据

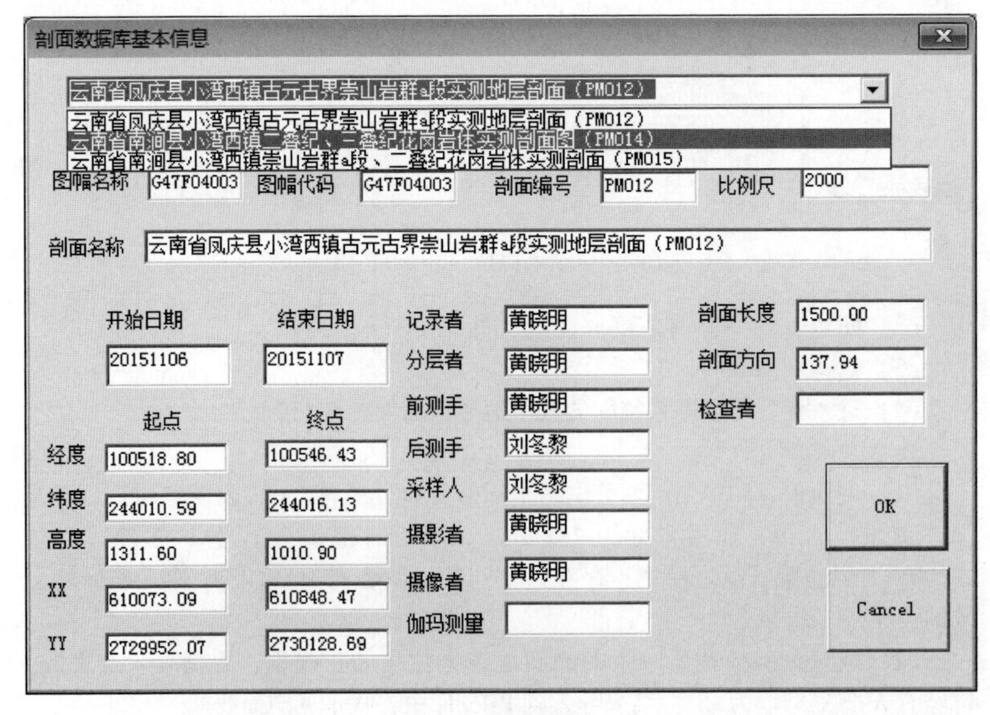

图 5-32　选择剖面

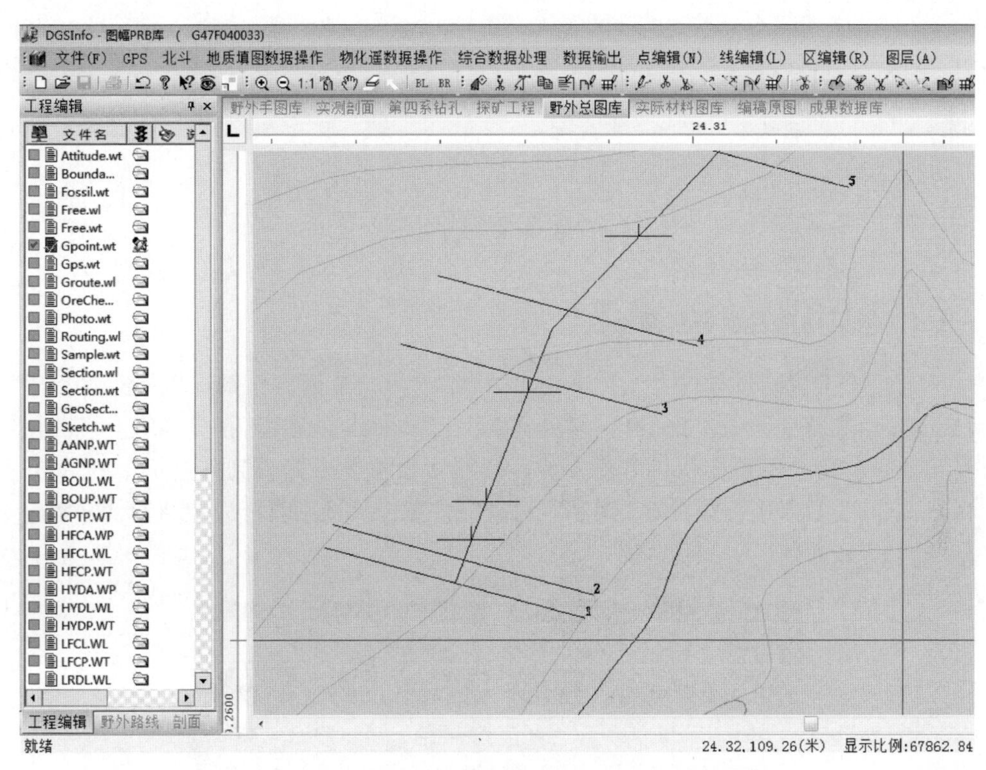

图 5-33　进入到数字剖面填图系统中的数字地质剖面

任务 6　野外路线数据采集

6.1　掌上机数据采集

6.1.1　拷贝程序及数据到掌上机

通过掌上机同步软件（ActiveSync）将掌上机与桌面操作系统连接，将程序（Rgmap）和路线数据（L5821）拷贝到掌上机中。其中程序可拷贝到掌上机的任意目录下，目录不要太深，方便查找；而路线数据要求拷贝到掌上机中的“My Documents”目录下，如图 6-1 所示。另外应注意，到新工作区应重新调整好相应的 X、Y、Z 参数。

图 6-1　Rgmap 程序与路线数据拷贝到掌上机

6.1.2　野外数据采集过程及编号规则

野外数据采集就是把野外观察到的地质信息实时数字化的过程，其作业流程与传统方法基本相同，仅是记录手段存在区别。

在野外，首先打开 Rgmap 程序并装载地图，利用 GPS 功能辅助定位，然后就可以依据 PRB 规则采集路线数据了。P、R、B 代表了组成路线的 3 种基本要素，分别为 Point（地质点）、Routing（分段路线）和 Boundary（地质界线）。这 3 种基本要素构成了路线的基本架构，再加上产状、样品、照片、素描和化石等采样数据，构成了完整的路线数据。

PRB 数据采集时主要有以下规则：

（1）路线号是关键字段，在路线数据中每个图元的属性中都应填写，本节中以“L5821”为例。

（2）地质点（P 过程）是路线采集过程的核心。地质点号在路线中一般按顺序编号。每个地质点之后，下个地质点之前的所有路线数据中的“地质点号”字段都应填写该地质点号。

（3）除地质点外的采集过程都有自身的编号，其编号规则一般为在同一个地质点内顺序编号，如在地质点“D5821”中，可以有 1～n 个 R 过程，则其编号为 1～n；有 0～n 个 B 过程，其编号为 1（或 0）～n（或 n～1），其他产状、样品等采样过程均可在同一地质点内从 1 开始顺序编号。

（4）B 过程、照片、采样、素描、产状和化石点的属性中包括 R 编号，表示各采集过程的相对空间位置。如果是地质点上的采集过程，如点上界线，点上照片，点上产状等，其 R 编号可以填“0”为空；如果在路线的行进过程中采集的，就必须填写相应的 R 编号。

以图 6-2 为例，图中地质界线和产状点都隶属于地质点“D5823”。其中地质界线在点上，所以其 R 编号为“0”（或者为空），表示其所在位置为路线的起点处；而产状点是在地质点 D5823 的第 1 条路线行进过程中采集的，所以其 R 编号应为“1”。

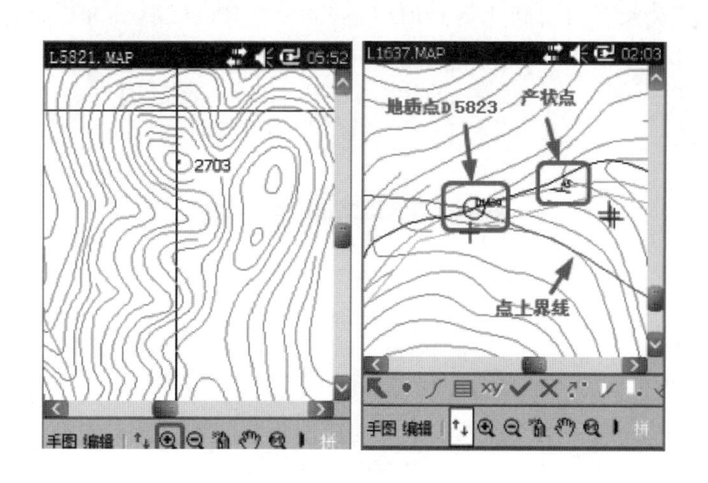

图 6-2　数据采集中 R 编号说明

（5）路线采集过程要根据路线观察过程顺序进行，不可颠倒亦不可跳跃。如先采集第二个地质点，再输入第一个，或者把所有地质点都定完后再补充其他采集过程，都是要尽量避免的错误操作。

6.1.3 打开路线手图

打开 Rgmap 程序，首先看到的是欢迎对话框。输入当天的路线号和第一个地质点号，系统将其作为默认值输入到其他采集过程中，如图 6-3 所示。

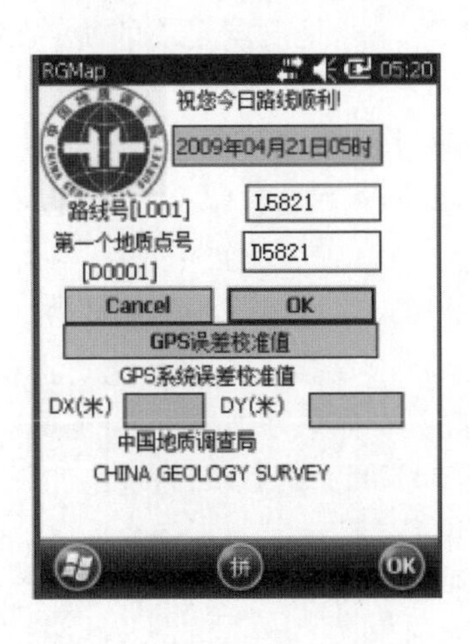

图 6-3　Rgmap 开始对话框

每到一个新的工作区必须首先进行 GPS 误差矫正工作，可通过选取一些控制点然后经过测量和计算得出误差值后，利用“GPS 误差校准值”功能输入。

点击“OK”进入程序，首先选择菜单“手图”→“打开地图”，选择路线“L5821”打开地图；打开地图后首先放大图件到一定范围，避免刷新时太慢，如图 6-4 所示。

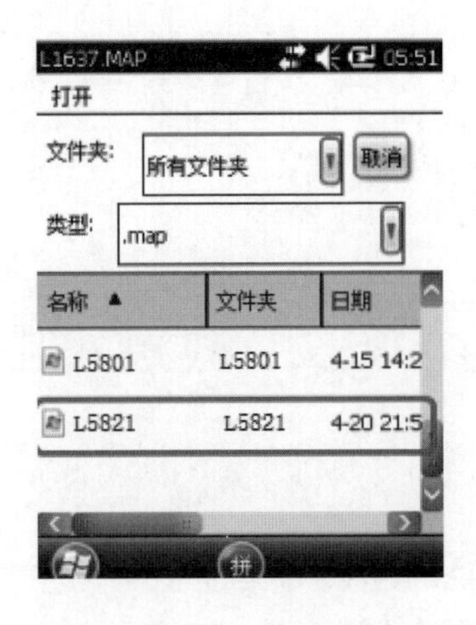

图 6-4　打开地图并放大

6.1.4　GPS 定位

使用 GPS 功能进行辅助定位。先选择“GPS”菜单中的“参数设置”，设置 GPS 的连接参数，本节示例中使用的掌上机为内置 GPS，设置好连接参数，然后选择“普通 GPS 连接”菜单，一般在天空无遮挡的情况下，30s 之内便可以定位，如图 6-5 所示。

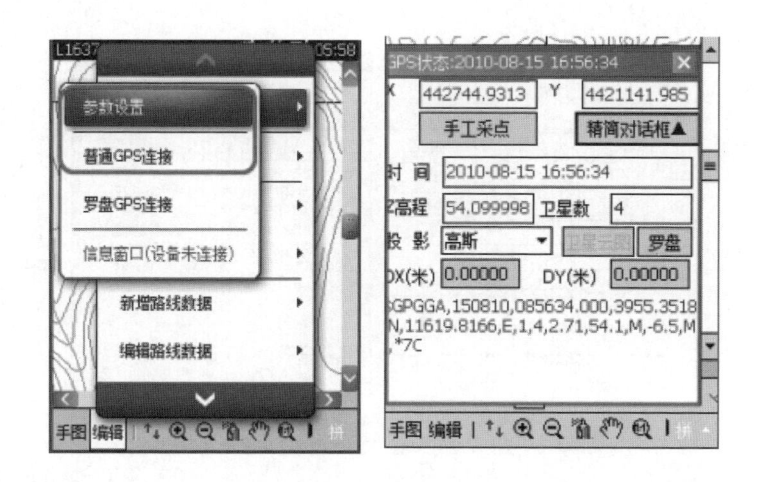

图 6-5　GPS 定位

当卫星数不低于 4 颗时，(注意一定要不低于 4 颗，因为 GPS 定位要采用 X、Y、Z、T 四个数值)，点击手工采点后可在图中投影出 GPS 坐标点“+”。

需要注意的是，GPS 定位信息由于存在误差，仅起辅助定位作用。在地形图比较精确的情况下，用户需按照微地貌进行精确定位，再进行路线数据采集。

6.1.5　PRB 数据采集

PRB 数据采集可以使用菜单“编辑”→“新增路线数据”或打开菜单“手图”中的“PRB 数据编辑工具条”进行快捷编辑，如图 6-6 所示。

图 6-6　PRB 数据编辑工具条

图元空间信息及属性通用编辑工具可使用“”按钮打开辅助工具条。

下面介绍每种采集过程的注意事项。

6.1.5.1 地质点（P 过程）

选择菜单“编辑”→“新增路线数据”→“地质点”，或者在 PRB 工具条中选择“”图标，在图中添加地质图元“”后，点击“”按钮，弹出地质点属性表对话框，可录入地质点属性。其中“微地貌”“填图单元”等信息可使用字典录入。通过点击“地质描述”按钮可进入地质描述录入界面，录入时可充分利用二级字典，如图 6-7 所示。

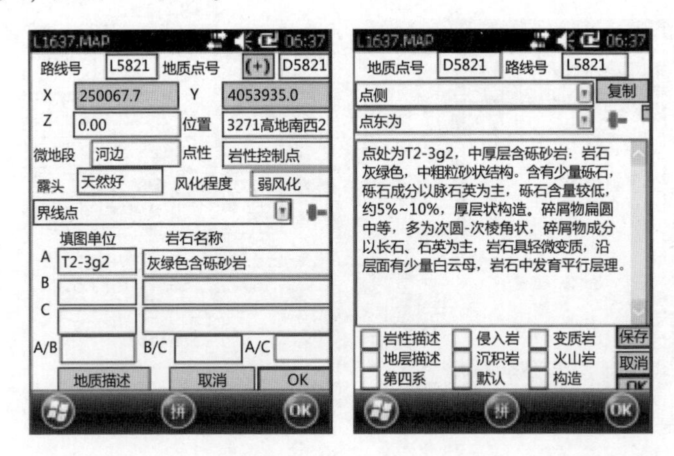

图 6-7 地质点信息录入

根据当前图层，选中一个图元。

在当前图层上新增加一个点。

在当前图层上新增加一条线。

在当前图层上新增加一条线或一个点（闪烁），按下此按钮，弹出该实体的属性对话框。

控制 GPS 信息框的显示与隐藏。

当用户在屏幕画线时（线图层），采用“曲线”方式画线，按下此按钮，表示画线结束。

当用户在屏幕画线时（线图层），采用“曲线”方式画线，按下此按钮，表示画线无效。

移动一个点。

删除一条线。

删除一个点。

6.1.5.2 分段路线（R 过程）

在路线观察和行进过程中，遇到需要分段描述的地方（如地质界线，明显的岩性分界等)，首先要绘制出前一段经过的路线，然后再将沿途观察内容输入到该路线属性中。

“新增路线数据”菜单中提供 3 种绘制路线方式：流线、曲线和折线。流线的优点是画线比较随意，缺点是线条可能出现较多锯齿，并且容易中断；曲线比较光滑，但自动插入的点较多，容易造成线文件过大。建议初级用户使用折线方式。

PRB 工具条中的“■”按钮默认为折线。

画线时，用笔针在屏幕上连续画点成线。结束时，按“✔”表示确定画线，用户按“✕”表示取消画线过程。

画线结束后，点击“▤”按钮，输入其属性，如图 6-8 所示。

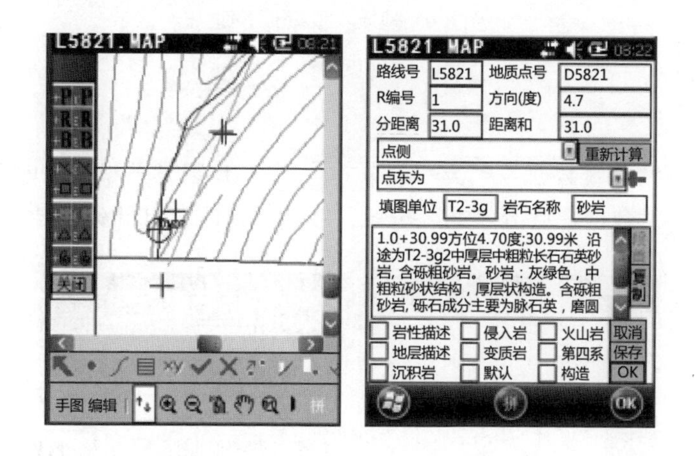

图 6-8　路线数据采集

6.1.5.3　地质界线（B 过程）

地质界线的绘制与路线相同，程序菜单也提供 3 种画线方式，建议使用折线。PRB 工具条中的“■”按钮默认为折线。

画线时，用笔针在屏幕上连续画点成线。结束时，按“✔”表示确定画线，用户按“✕”表示取消画线过程。画线结束后，点击“■”按钮，输入其属性，如图 6-9 所示。

注意在填写界线左、右地层单位时，与画线方向有关。画线前进方向右侧为右地层，左侧为左地层。

图 6-9 为地质点“D5822”的点上界线。注意画地质界线是要遵循“V”字形法则。

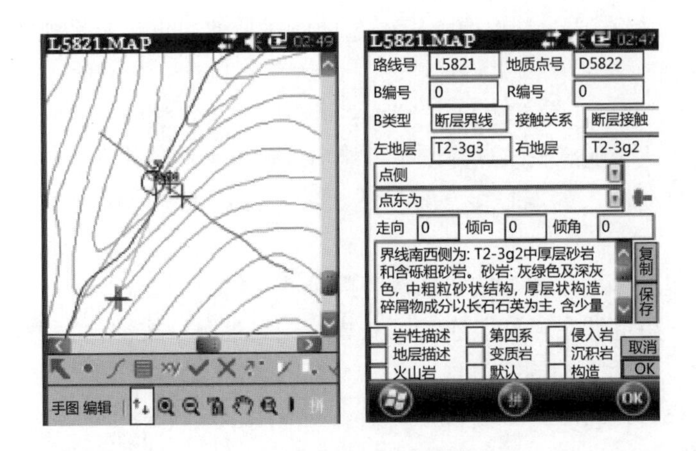

图 6-9 地质界线编辑界面

6.1.5.4 产状

选择“新增路线数据→产状”菜单或点击 PRB 工具条中的“ ”图标，可在图中添加产状数据。点击“ ”按钮，输入其属性，如图 6-10 所示。

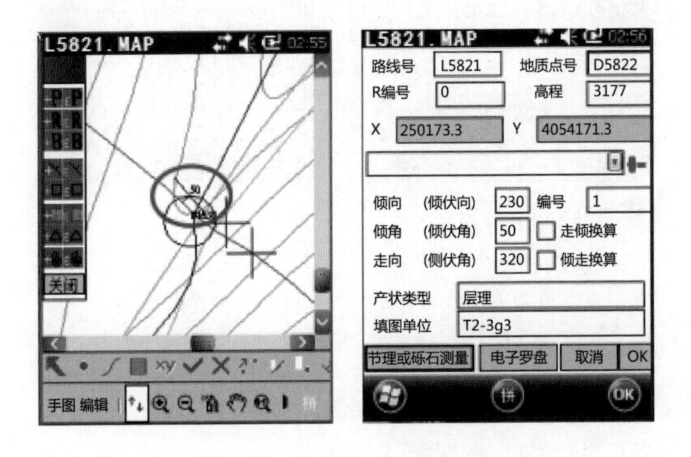

图 6-10 地质点产状数据采集

6.1.5.5 采样

选择“新增路线数据”→“产状”菜单或点击 PRB 工具条中的“ ”图标，可在图中添加采样数据。点击“ ”按钮，输入其属性，如图 6-11 所示。

注意，“样品类别”应使用字典填写。如果该样品点采集了多个样品，可使用字典多次输入，不同的样品之间自动以“,”间隔。

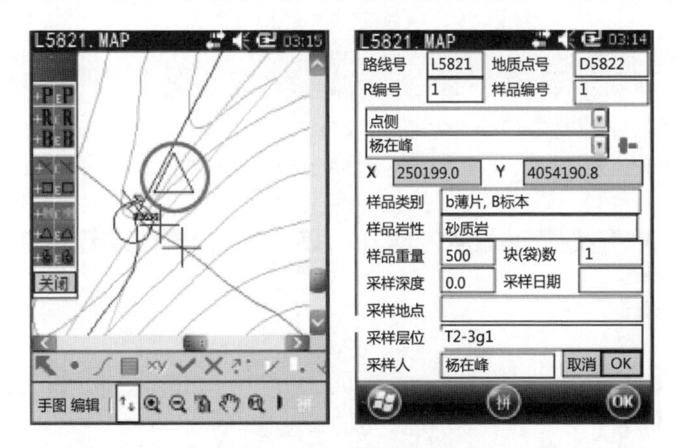

图 6-11　样品数据采集

6.1.5.6　照片

如果在野外拍摄了照片，可选择“新增路线数据”→“照片”菜单或点击 PRB 工具条中的“”图标，在图中添加照片数据。点击“”按钮，输入其属性，如图 6-12 所示。

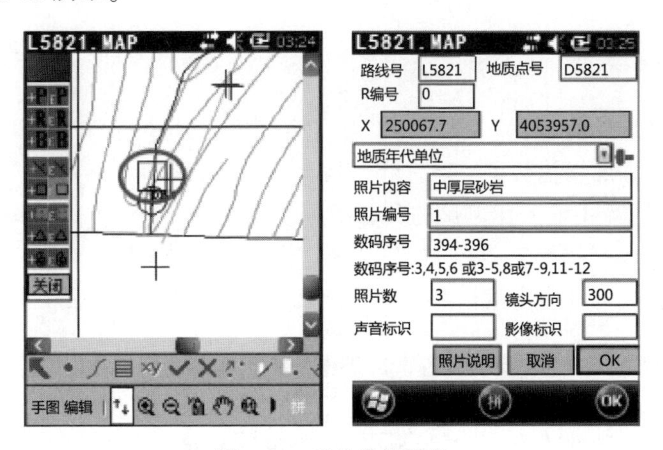

图 6-12　照片数据采集

注意：“数码序号”字段，应填写数码照片的文件名的后几位数字，如果照片文件名是连续的，用“-”隔开，如果不连续，用“,”隔开。如图 6-12 中的照片点，共拍摄了数码照片文件的后 3 位数字为 394 到 396 的 3 张照片。回到室内整理路线数据时，再通过照片导入的功能将数码照片文件与该照片点关联起来。

“镜头方向及影像标识（比例尺）”必须要填写。

“照片内容”是对该照片点的总体描述，如需对每张照片单独描述，则可点击“照片说明”按钮进行描述。

6.1.5.7 化石

选择“新增路线数据”→“化石”菜单或点击 PRB 工具条中的“■”图标，可在图中添加化石数据。点击“■”按钮，输入其属性，如图 6-13 所示。

图 6-13 化石数据采集

6.1.5.8 素描

选择“新增路线数据”→“素描‘■’”菜单或点击 PRB 工具条中的“■”图标，可在图中添加素描数据。点击相应按钮，输入其属性。

“素描比例”中输入比例尺的分母即可。

点击“进入素描图工具”按钮可进入素描图绘制界面，利用程序中提供的点、线编辑工具可在厘米网格背景中绘制素描，如图 6-14 所示。

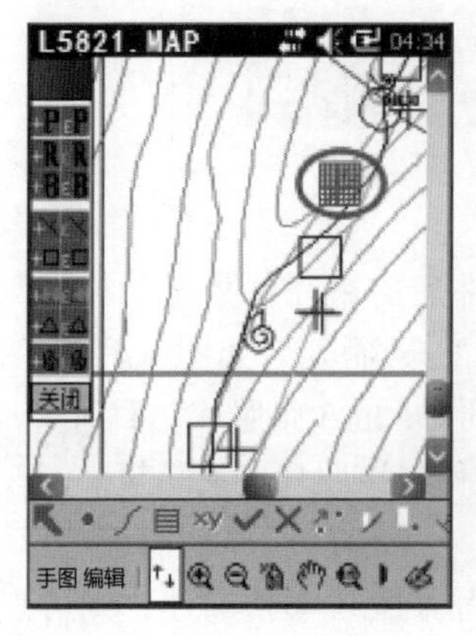

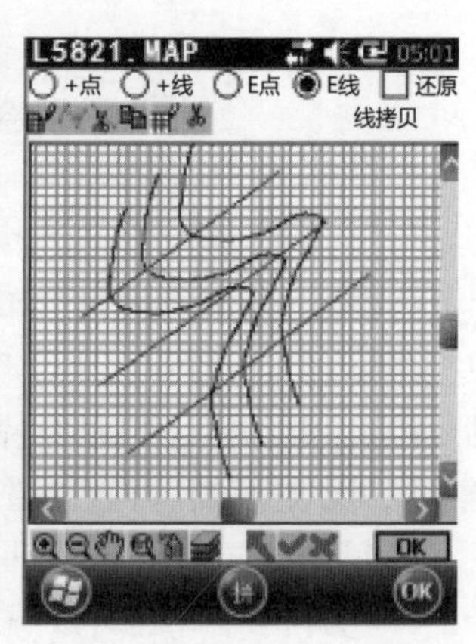

图 6-14 素描图绘制

注意，由于掌上机界面较小，绘制方式也不如纸介质随意，用户也可在纸介质中绘制素描，回到室内时再将素描图扫描成为影像文件，加入到该素描点的素描图工程中。

6.1.6　PRB 数据编辑

如需编辑已有的路线数据，可选择菜单“编辑”→“编辑路线数据”中的相应功能，或利用“PRB 数据编辑工具条”中右侧的部分。

例如，编辑地质点数据，可选择 PRB 工具条中的“P”按钮，然后在图中选择 1 个地质点，再点击“▤”按钮，可编辑地质点属性，如图 6-15 所示。

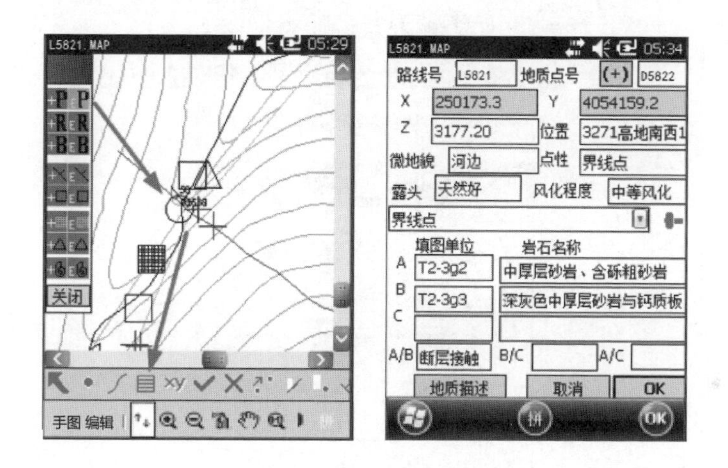

图 6-15　编辑地质点

6.1.7　野外路线信手剖面自动生成

首先在进行野外工作之前，利用桌面系统根据等高线生成数字高程模型数据。

按图 6-16 将地形文件置于当前编辑状态，然后选择菜单“地质填图数据操作”→“数字高程与横切剖面生成与浏览”→“数字高程模型”。

按图 6-17 设置高程字段名称和网格数。

点击“确定”后，保存 Grd 文件到硬盘中，如图 6-18 和图 6-19 所示。

将 Grd 文件拷贝到掌上机上备用。在掌上机程序中选择菜单“编辑”→“信手剖面”→“自动生成”，选择 Grd 文件，点击“确定”，即可生成路线信手剖面图框架，如图 6-20 所示。在自动生成的框架基础上，用户可利用程序中提供的素描图编辑工具对信手剖面进行编辑完善。

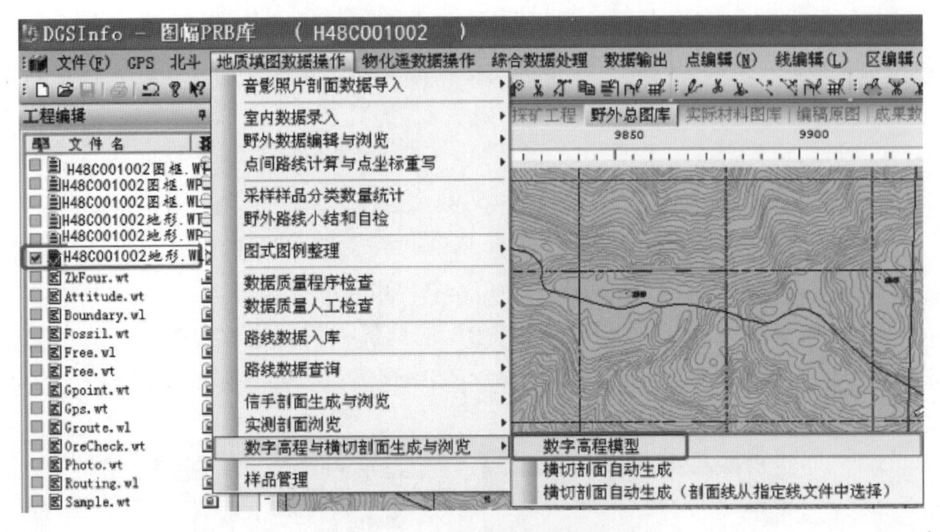

图 6-16　生成数字高程模型

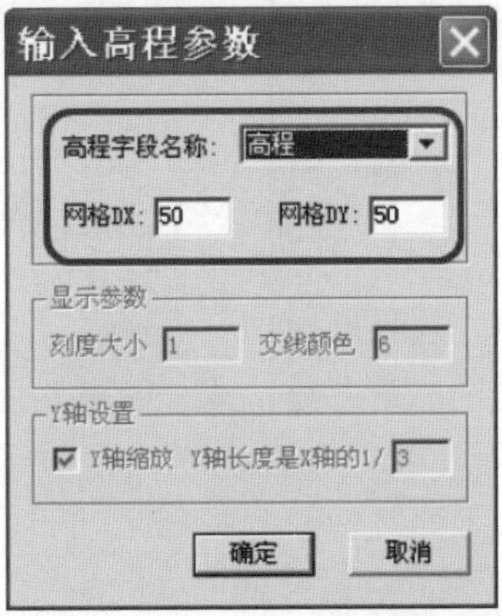

图 6-17　数字高程模型参数设置

图 6-18　保存 Grd 文件

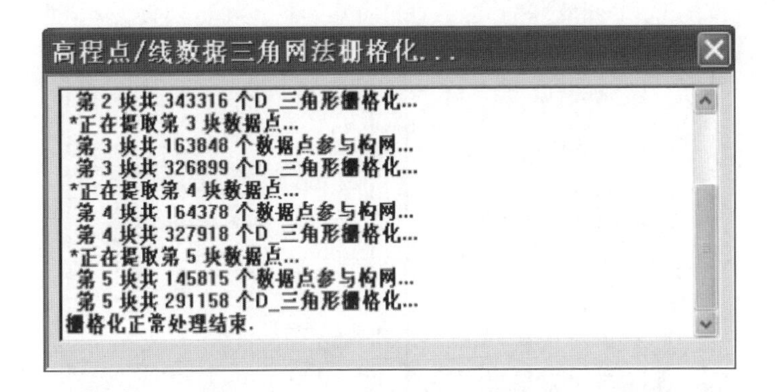

图 6-19　Grd 文件生成过程

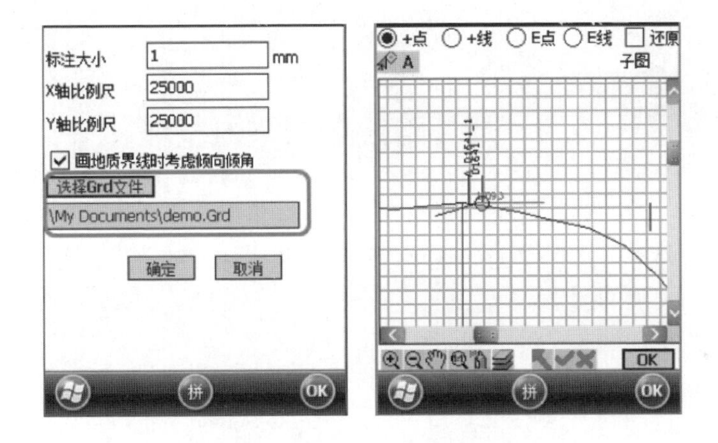

图 6-20　生成信手剖面图框架

注意，由于绘制方式不如纸介质方便，用户也可在纸介质中绘制信手剖面，回到室内时再将信手剖面图扫描或拍照后转换成影像文件，加入到信手剖面图工程中（一定要将影像文件（msi）拷贝于野外手图对应路线文件的素描图文件下再添加到工程），导入方法与素描图一致。

6.1.8　完成野外路线采集工作

每一项野外数据采集结束后注意点击“保存文件”，选择“手图”→“转出PC数据”菜单，将路线数据转出，以便后续导入到桌面系统中，如图 6-21 所示。然后即可退出 Rgmap 程序，并将路线目录“L5821”在 SD 卡上进行备份。

注意，如果对掌上机中的路线数据进行了修改，必须在结束后再次运行转出PC数据（注：安卓版不需此步骤）。

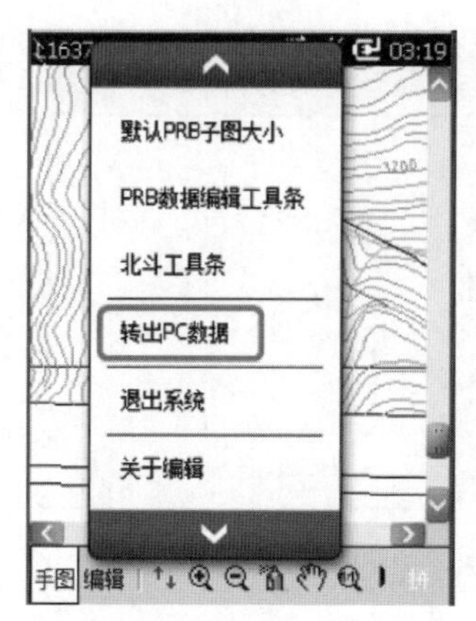

图 6-21　转出 PC 数据

6.2　野外路线数据室内整理

由于野外工作的环境与时间限制，掌上机采集的路线数据往往比较粗糙，需要在桌面的野外手图工程中进行图元空间位置和属性的进一步整理，才能达到属性完善和图面美观的效果。

野外路线整理的主要过程和注意事项如下。

6.2.1　野外路线数据转化为桌面格式

通过掌上机同步软件（ActiveSync）将掌上机与桌面操作系统连接，将路线数据从掌上机中拷贝到桌面系统中的任意目录下。打开桌面系统（DGSInfo），进入图幅工程 J49F041002。

在默认打开的“野外总图库”界面中，选择菜单“文件”→“野外手图数据交换”→“掌上机到桌面”，然后再选择掌上机数据即可导入路线数据。

需要注意的是，虽然该操作是在“野外总图库”中完成的，但路线数据并未直接导入到“野外总图库”中，而是首先导入到相应的野外路线工程中。用户需打开该路线工程对野外原始数据进行整理，如图 6-22 所示。

6.2.2　路线数据属性编辑

利用菜单或视图右侧的“PRB 编辑工具条”，如图 6-23 所示。可对路线数据进行属性编辑。

如对地质点属性编辑，可点击“P”按钮，然后再从图面中选择任一地质点图元即可，如图 6-24 所示。

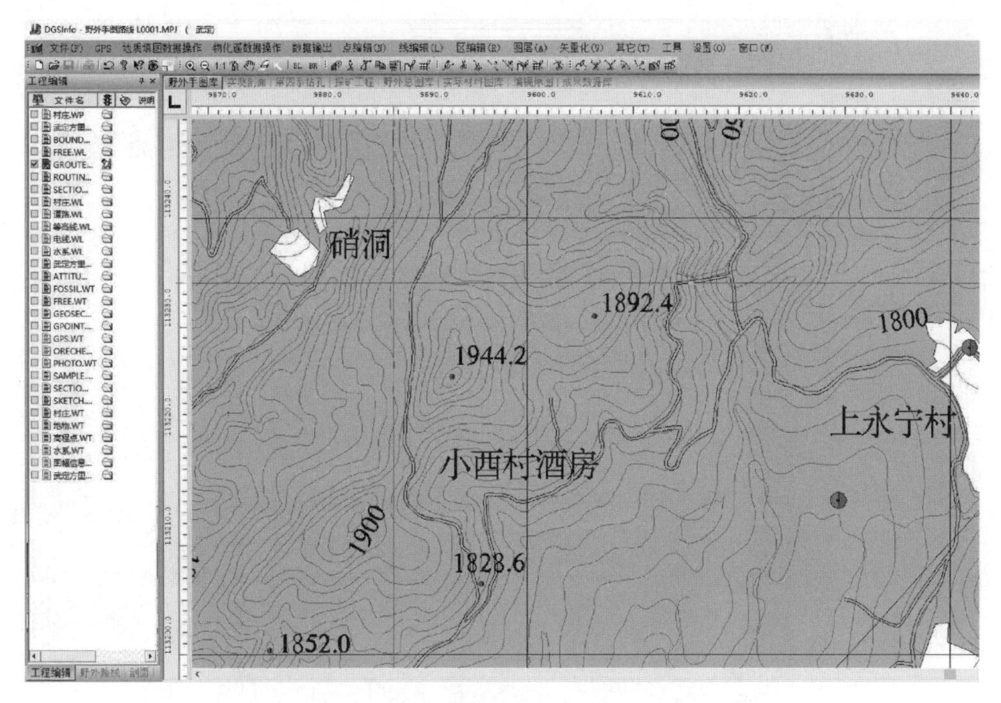

图 6-22　掌上机路线导入到野外手图

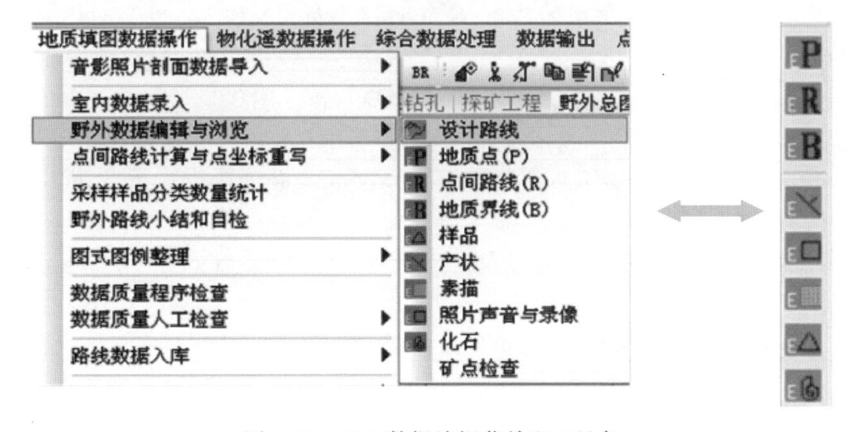

图 6-23　PRB 数据编辑菜单和工具条

6.2.3　路线数据空间位置调整

为了图面的美观，原始数据中图元的空间位置有时需要略微的调整。调整过程主要用到了“编辑点”和“编辑线”菜单中的功能。

下面列举几种典型的情况：

(1) 点图元位置明显偏差或存在废点，使用“移动点”或“删除点”功能；

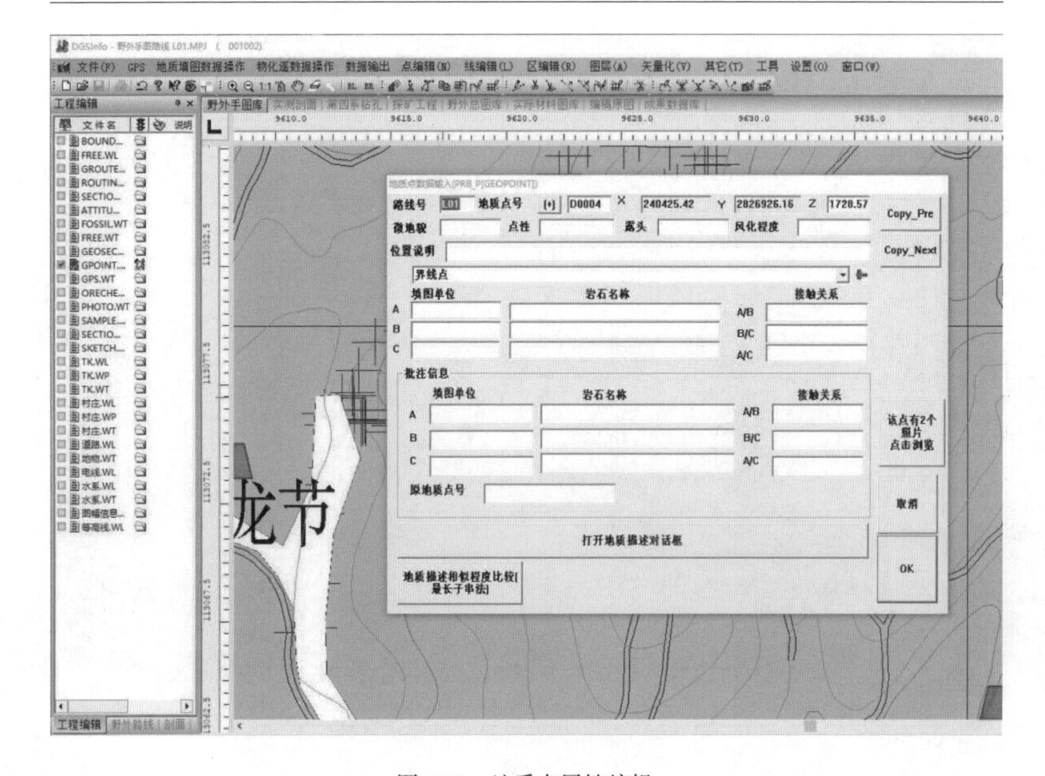

图 6-24　地质点属性编辑

（2）流线的锯齿过多，可使用“线上删点”或“光滑线”功能调整；

（3）曲线上点过密，可使用“抽稀线”功能；

（4）相邻的线图元（如两条分段路线）交叉重叠或距离过远，使用“延长缩短线”功能调整。

6.2.4　野外照片的导入

选择菜单如图 6-25 所示，再选择数码照片所在的目录，可将野外照片通过照片点属性中的“数码序号”与照片点挂接起来。

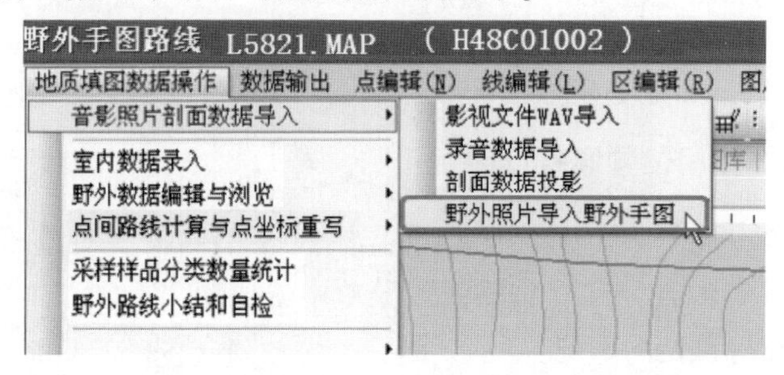

图 6-25　野外照片录入

导入之后，选择照片点，可浏览其照片内容，如图 6-26 所示。

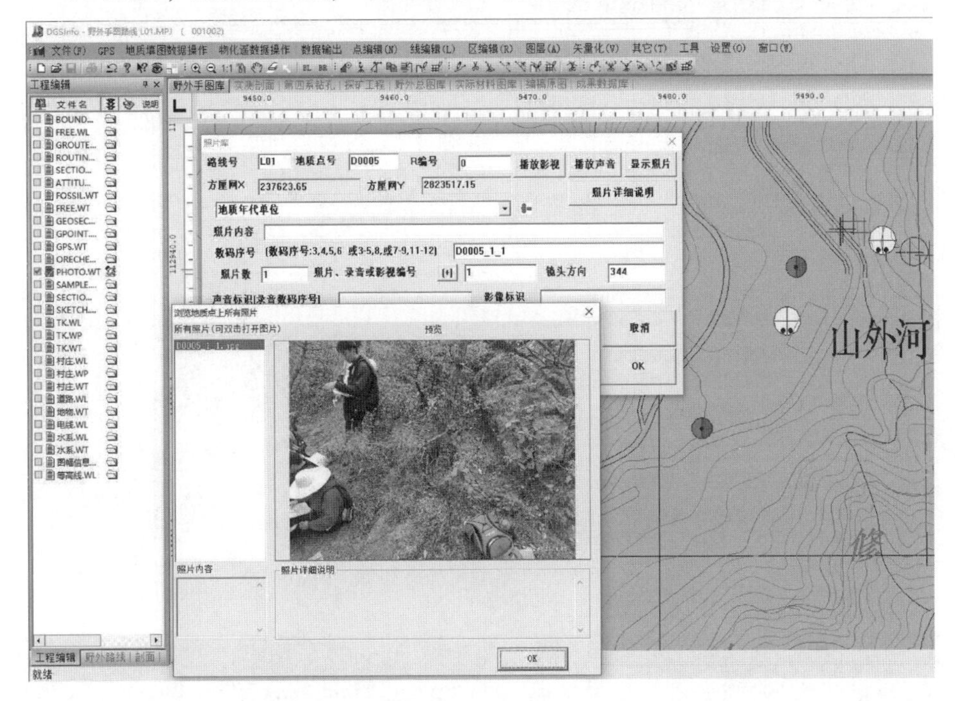

图 6-26　浏览照片

6.2.5　点坐标重写与路线长度的重新计算

在路线整理过程中如果调整了点、线图元的位置，其涉及的点坐标和线长度的属性内容也必须相应修改。可利用程序菜单中的“点间路线计算与点坐标重写”功能，如图 6-27 所示。

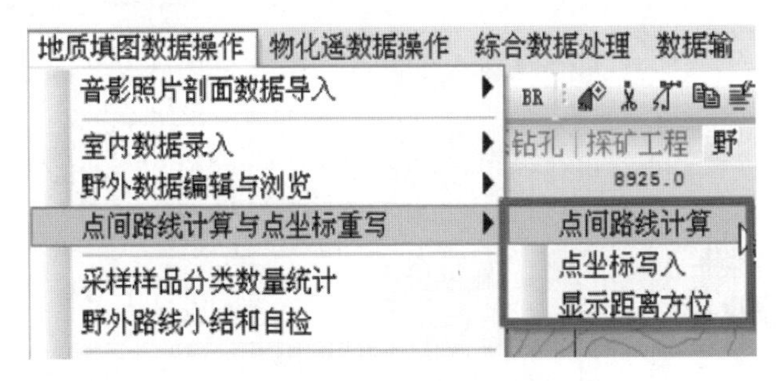

图 6-27　点间路线计算与点坐标重写

注意，“点坐标写入”仅对当前编辑图层有效。例如，重新写入地质点图层的坐标属性，可点击“P”按钮激活地质点图层，也可以在左边的工程文件列表中将地质点图层“GPoint. wt”设为当前编辑状态。

6.2.6　地质点等图层的静态注释

如图 6-28 所示，在“图式图例整理”菜单中，可对地质点等图层进行静态标注，并生成对应的静态标注文件。如地质点图层对应的静态标注文件为“GPTNOTE. WT”，如图 6-29 所示。

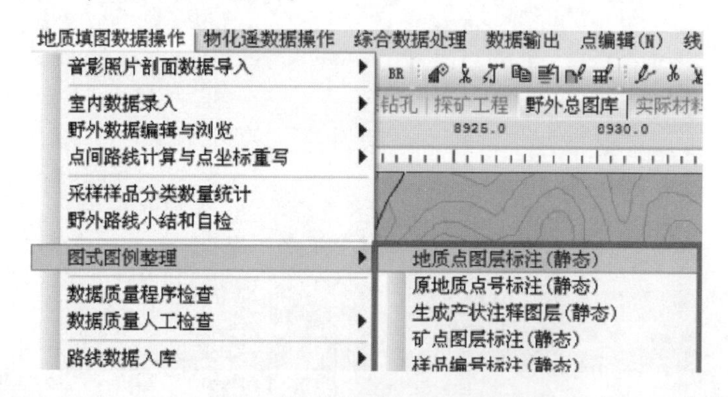

图 6-28　点图元静态注释

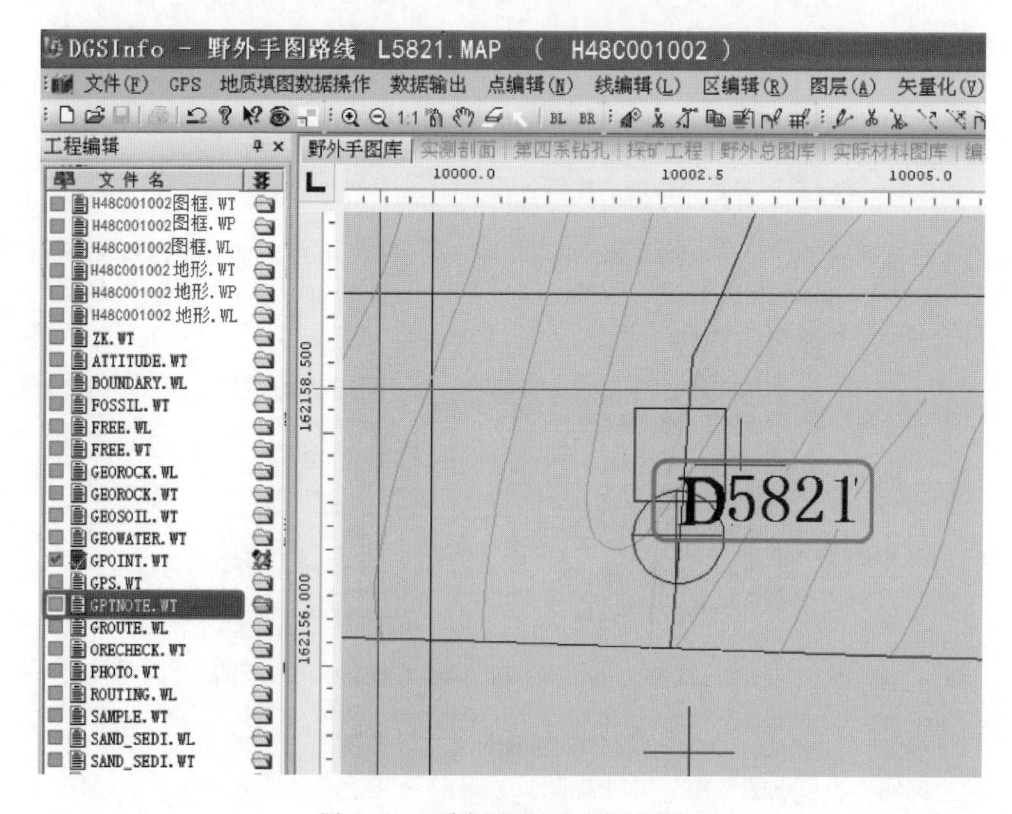

图 6-29　地质点图层注释文件及内容

6.2.7　野外路线小结和检查

当路线数据属性和空间数据整理完毕后，可选择相应菜单填写路线小结与检查文本内容，如图 6-30 所示。

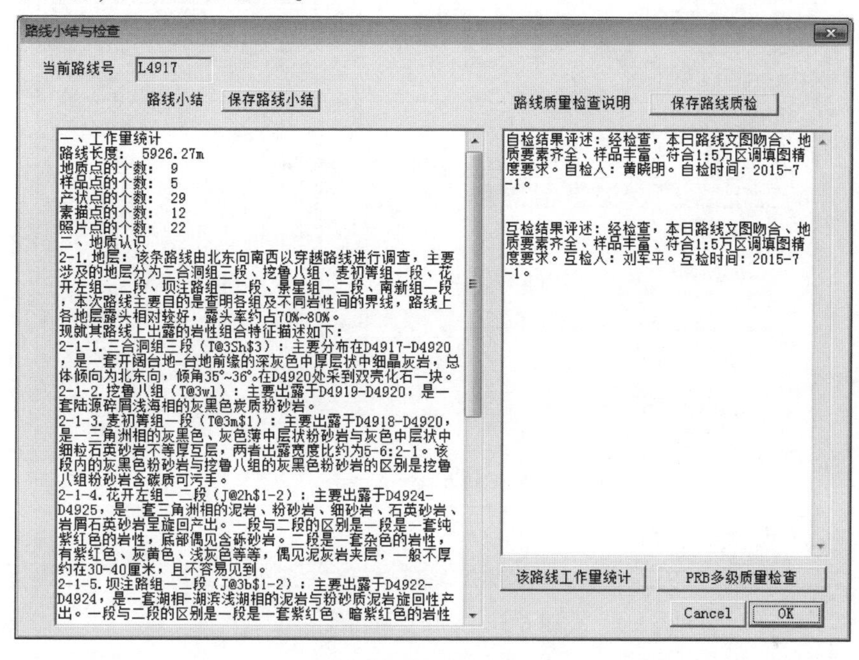

图 6-30　录入路线小结与检查

6.3　野外路线数据的复查与补充

由于野外地质观察过程中受环境、天气或观察范围等因素的影响，有时会遗漏一些重要的地质信息。在数据复查过程中可以用批注的方式对认识有误的部分进行完善，对遗漏的部分利用室内 PRB 数据录入的方法进行补充，但注意不得随意篡改野外原始数据。

6.3.1　PRB 过程的批注

在室内路线检查过程中，如果需要对 PRB 过程的属性进行完善和修改，只能在其批注部分完成。

地质点及其文字描述进行批注的例子如图 6-31 和图 6-32 所示。

6.3.2　插入地质界线（B）或分段路线（R）

数据检查过程中如果需要在两个地质点之间插入地质界线或分段路线，为了保证点间 B(R) 过程的连续性，并且不破坏 B(R) 编号与其描述内容的对应关系，系统提供了“插入 R 或 B 过程”的功能。

首先进入需要修改的野外手图工程中，本节以“L4917”举例。

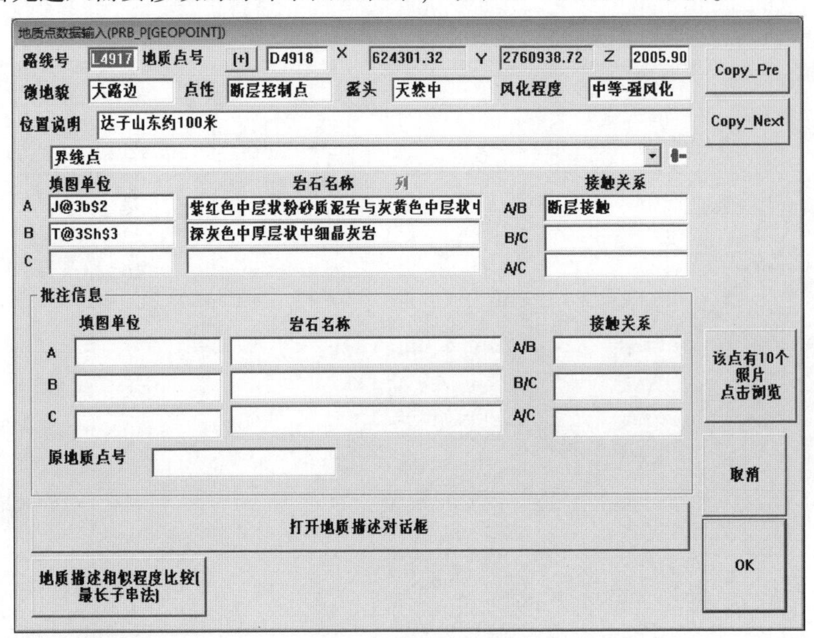

图 6-31　地质点属性批注

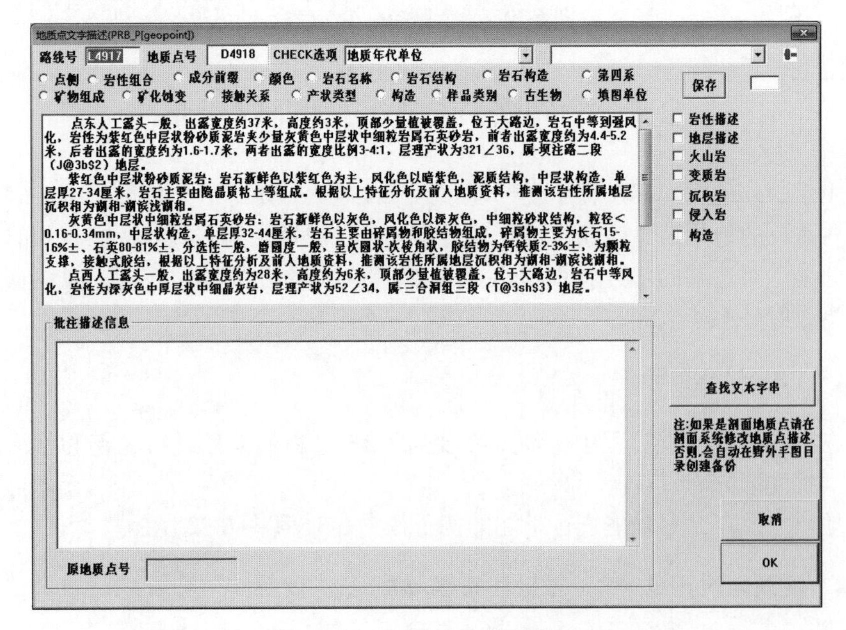

图 6-32　地质点文字描述批注

如图 6-33 所示，点 D5826 和点 D5827 之间原来存在 3 条地质界线。现经检查，需要在 1 号和 2 号界线之间增加 1 条界线（图中圈出部分）。

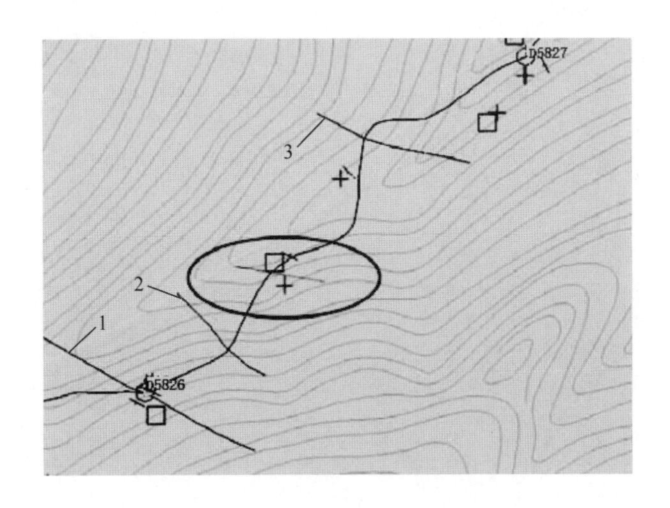

图 6-33　需要插入的地质界线

选择菜单“地质填图数据操作”→“室内数据录入”→“插入地质界线（B）”，在弹出的界面中，选择地质点号，并输入需要插入的地质界线编号，如图 6-34 所示。

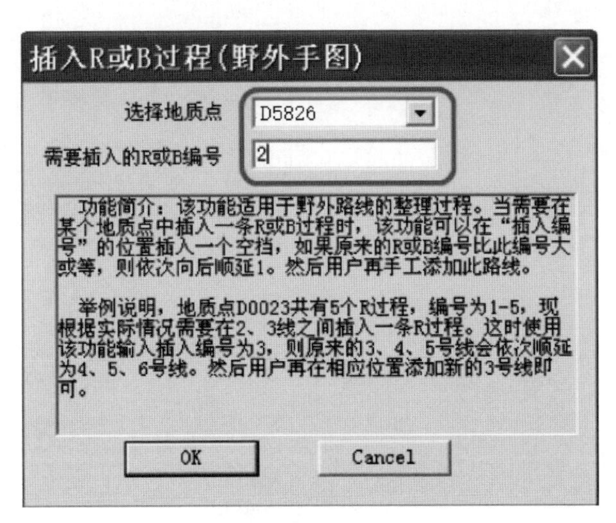

图 6-34　确定插入的地质界线编号

确定之后，原来的 2 号界线将会顺延为 3 号，其对应的文字描述也会自动与 3 号界线对应。简单地说，就是在原来的 1 号和 2 号界线之间插入了一个空挡，接下来再使用画线工具手工绘制界线，令其编号为 2，然后再完成该界线其他属性即可。

插入界线后，相应的分段路线也应断开，变成两条路线。这时，也必须使用“插入点间路线（R）”的操作，使新增的路线插入到点间分段路线的正常序列中。

任务 7　野外总图库数据整理

7.1　野外路线入库

完成单条路线的数据整理之后，即可将其汇总到野外总图库。

进入野外总图库界面，选择“路线数据入库”菜单，如图 7-1 所示，可选择“单条路线入库”和“批量路线入库”两种方式。

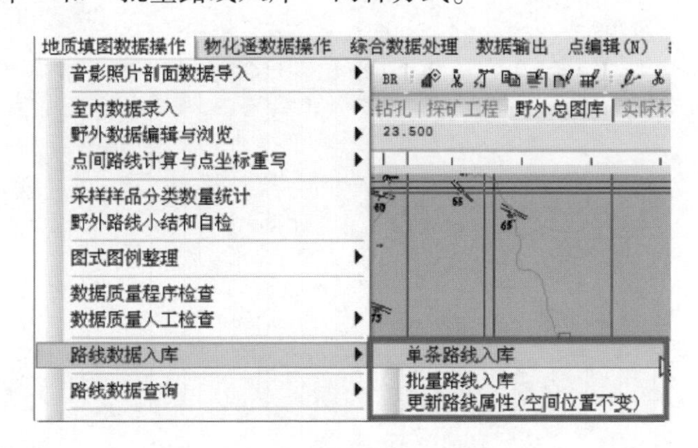

图 7-1　路线数据入库

本节中举例如下，选择“单条路线入库”，选择野外路线工程 L5821 导入即可，如图 7-2 所示。

图 7-2　选择野外路线工程

所有路线入库后效果如图 7-3 所示。

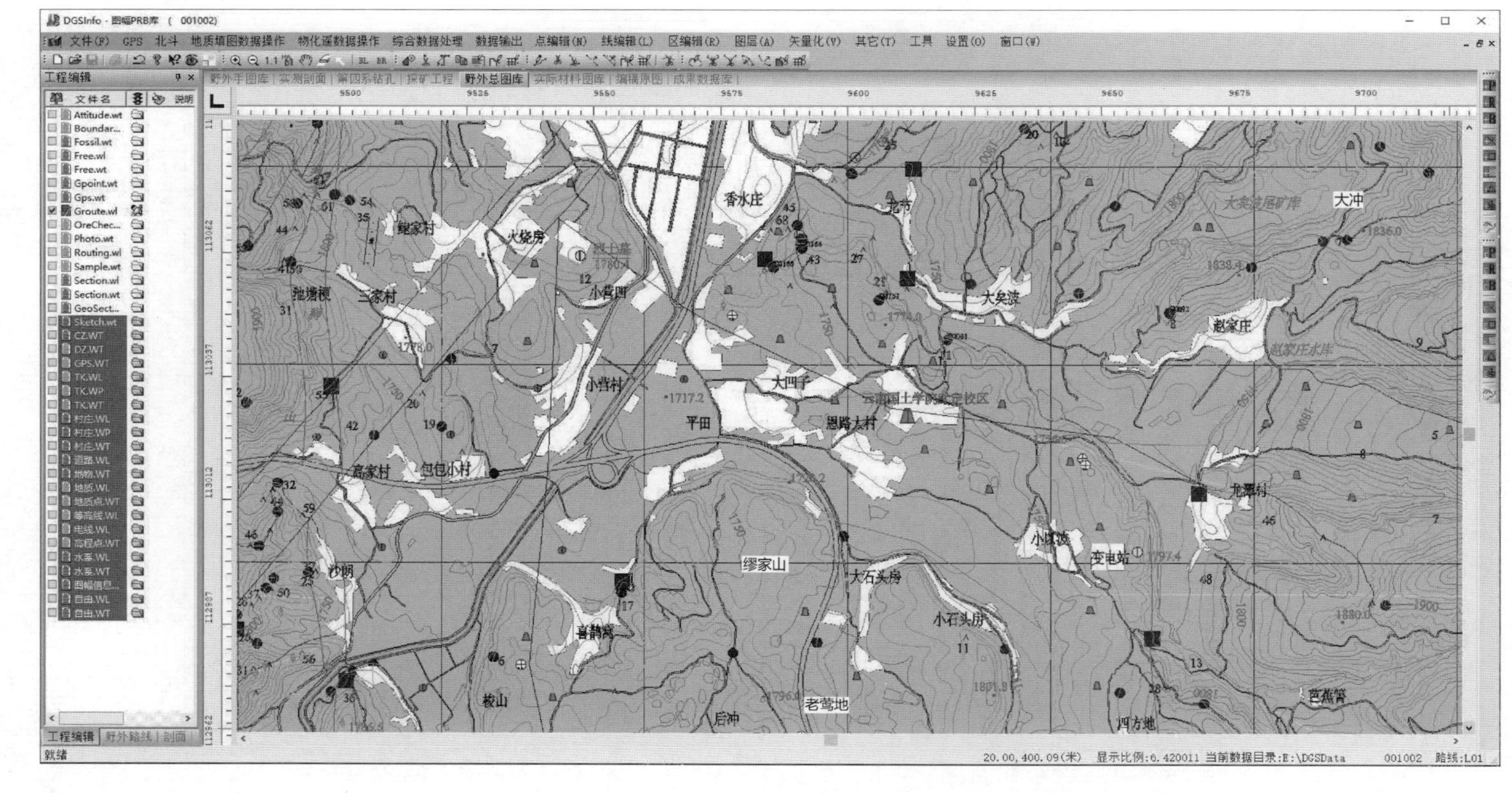

图 7-3　全部路线数据入库

7.2　野外总图库常用工具说明

在野外总图库中，由于数据量增大，涉及一些空间数据的查询和统计功能，本文选择其中比较常用的功能进行举例说明。

7.2.1　属性联动浏览工具

属性联动浏览工具实现图层属性与空间实体的联动浏览，可用于空间数据属性查询与查错，具体操作如下：

（1）首先将目标图层置于当前编辑状态，如图 7-4 所示；

（2）选择菜单“工具”→“属性联动浏览”；

（3）选择图层类型，如图 7-5 所示；

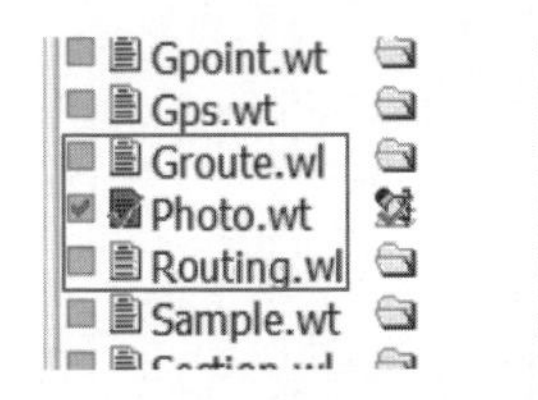

图 7-4　将目标图层置于当前编辑状态

选择要处理的文件类型
处理类型
点文件　线文件　区文件
确定　取消

图 7-5　选择图层类型

（4）在弹出的属性窗口（默认位于屏幕下方）中，点击某条属性记录，可实现与其空间实体的联动浏览，如图 7-6 所示。

7.2.2　按图层属性进行空间数据查询

该功能可以按照选中图层中的某一属性进行图元批量检索。下面以地质界线类型为例说明其用法。

先将地质界线图层（Boundary. wl）置于当前编辑状态，然后选择菜单“地质填图数据操作”→“路线数据查询”→“按图层属性进行空间数据查询”。

在弹出数据检索对话框中，选择属性字段“Type”，即界线类型，双击“断层界线”属性，则全部“断层界线”都被检索出来并处于选中状态，如图 7-7 所示。

可以对检索结果进行进一步编辑，如修改断层界线颜色为红色，则可利用“修改线参数”功能对所有断层界线进行统一修改。

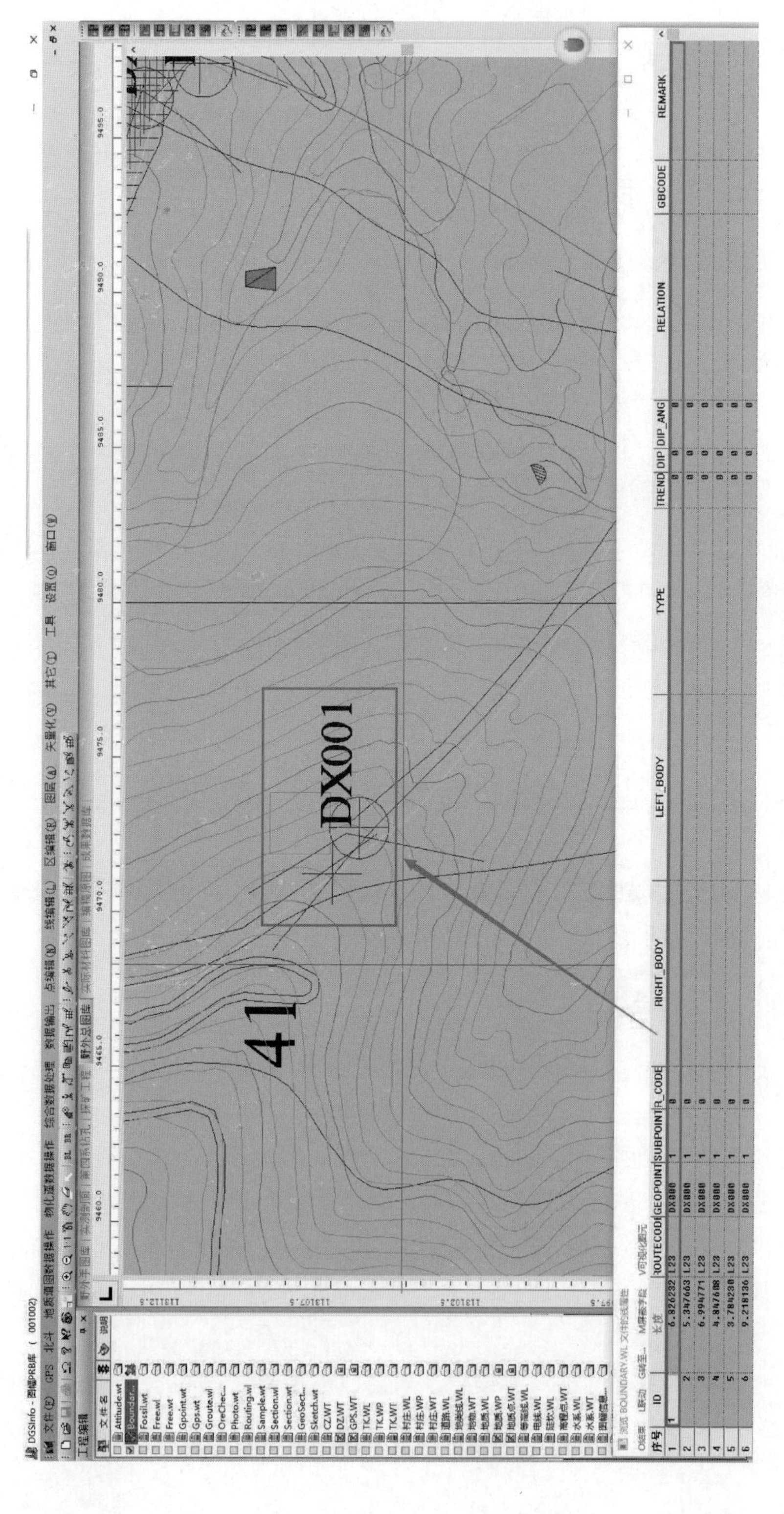

图 7-6　属性与空间实体联运浏览

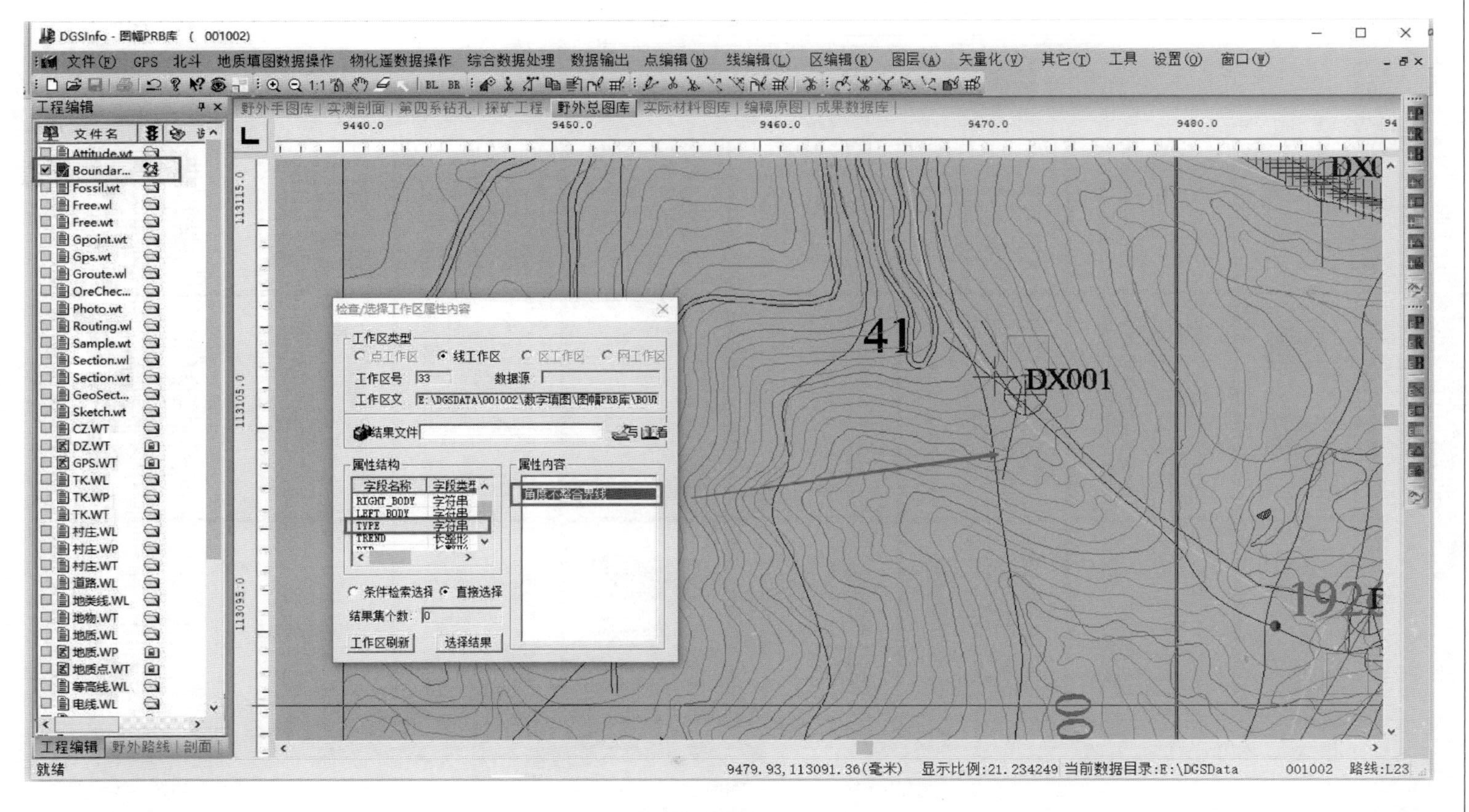

图 7-7　断层界线批量检索

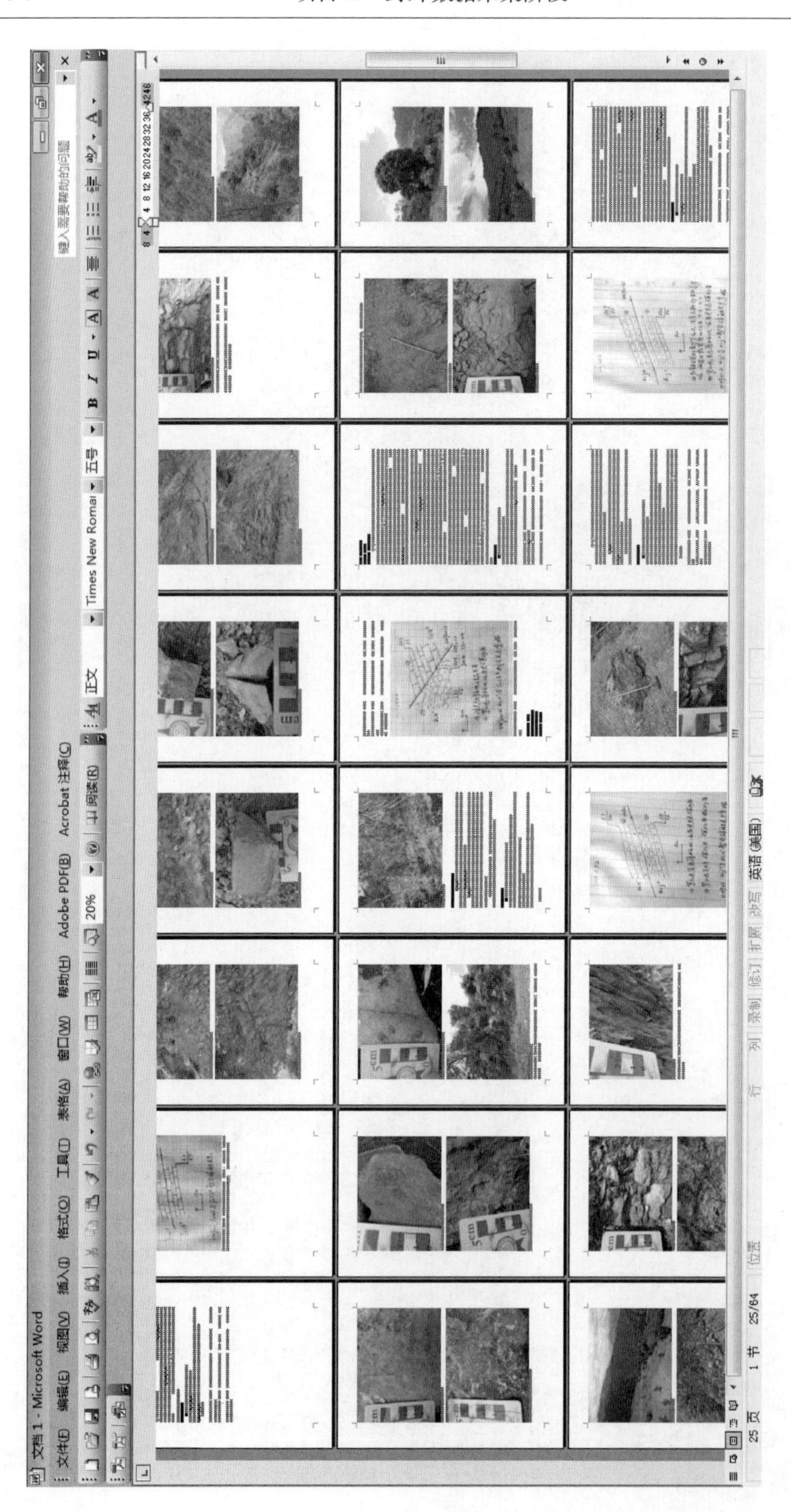

图 7-8　路线数据输出为野外记录簿

7.2.3　野外记录簿输出

为方便数据检查，可将路线数据输出成为传统的野外记录簿。

选择菜单“数据输出”→“PRB 数据输出”→“野外记录簿（Word 带插图）”，然后再选择路线即可生成，如图 7-8 所示。

7.2.4　图元属性、参数、位置与 Excel 文档互操作

由于 Excel 文档操作的灵活性，系统中提供了一系列的图层属性、参数、位置与 Excel 文件相互转换的工具，如图 7-9 所示。

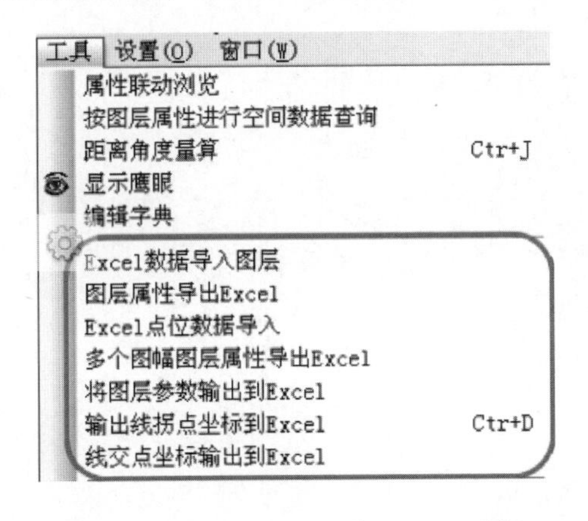

图 7-9　图层与 Excel 文件交互工具集

项目三

室内综合整理阶段

任务8 实际材料图建立

实际材料图阶段的主要工作是在野外总图库的基础上，连接地质界线，拓扑造区形成地质体并完善地质线、面要素的属性和图式图例等内容。

8.1 进入实际材料图

点击“实际材料图”标签即可进入实际材料图阶段。初次建立时，会弹出“选择文件”对话框，如图8-1所示，用户可选择哪些文件将从野外总图库中继承到实际材料图，默认是选择全部文件。

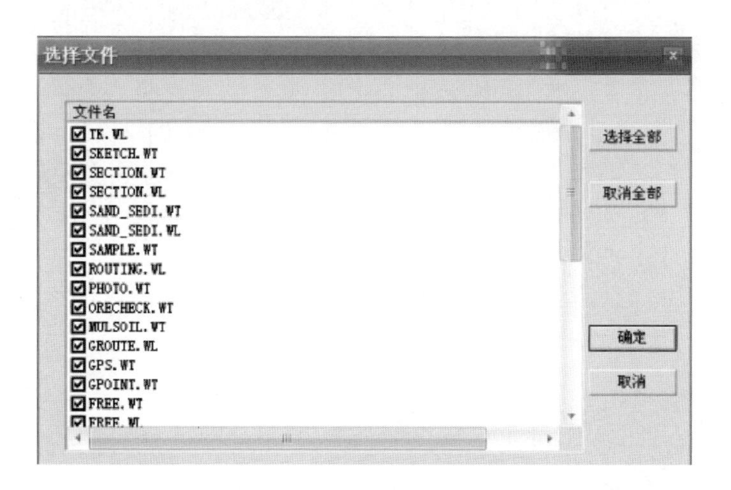

图8-1 选择需要更新的文件

如果以后野外总图库有所变化，需要将某些文件再次更新到实际材料图，可选择菜单“文件”→“更新野外总图库到实际材料图”。

8.2　实际材料图主要文件

实际材料图比野外总图库新增了 3 个文件，分别为：

（1）地质面要素文件：Geopoly. wp；

（2）地质界线要素文件：Geoline. wl；

（3）地质面要素标注文件：Geolabel. wt。

8.3　设置结点/裁剪搜索半径

在进行线或区的拓扑操作之前，必须对系统参数中的“结点/裁剪搜索半径”进行设置。

选择菜单“设置”→“设置系统参数”，弹出设置对话框，如图 8-2 所示，将“结点/裁剪搜索半径”设置为 10^{-9}，即图中的 1e-009。

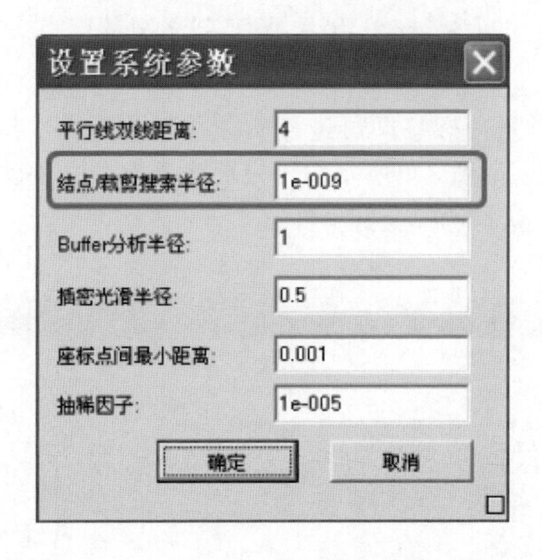

图 8-2　设置结点/裁剪搜索半径

8.4　连接地质界线

连接地质界线可以利用程序工具在计算机中直接完成，如果习惯于纸介质连图，也可将原始数据打印输出，连图之后再进行矢量化。本节仅举例演示利用软件工具直接连图的方法。

连图时注意将地质界线文件 Geoline. wl 置于当前编辑状态。

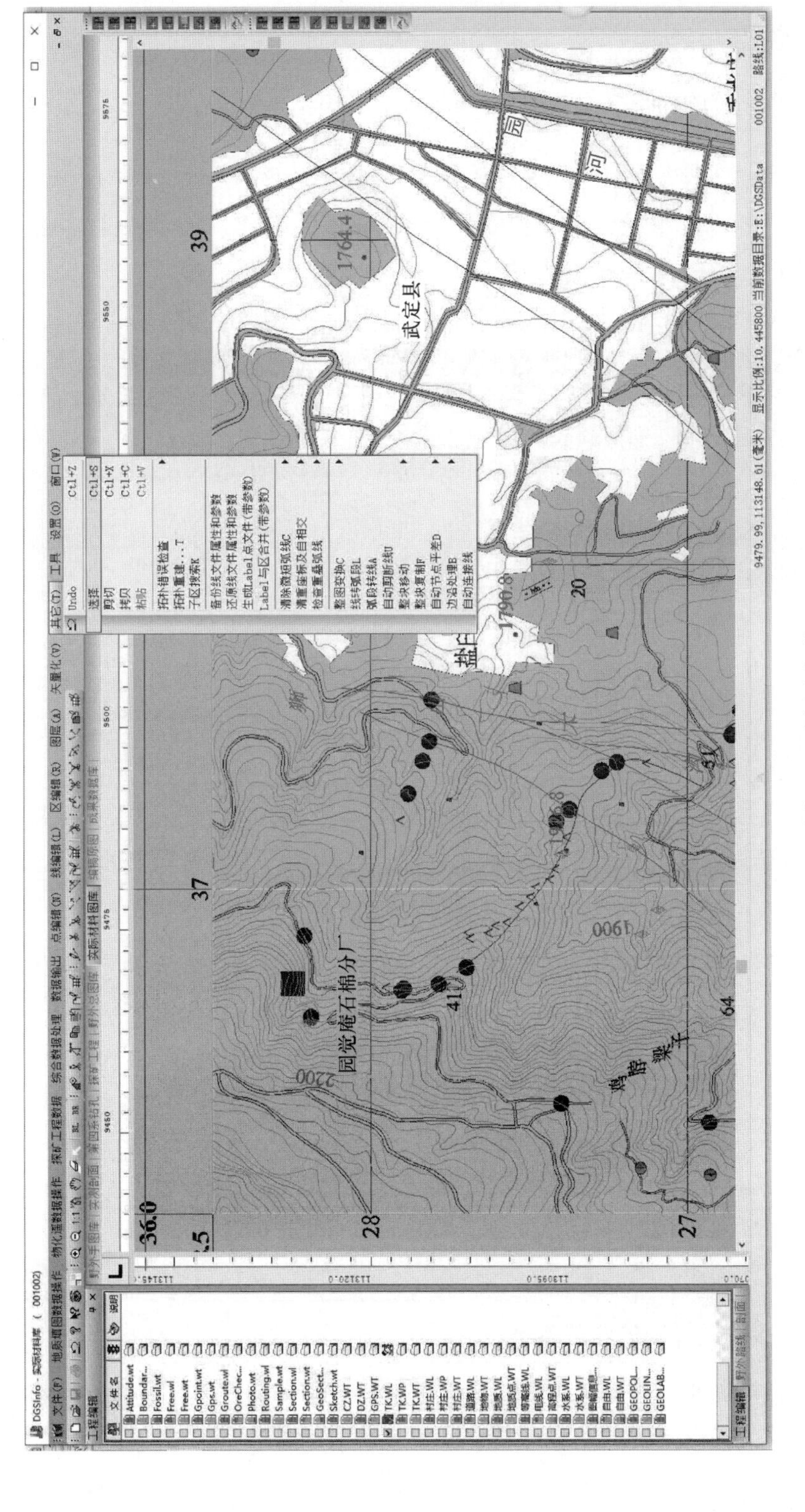
Undo Ctl+Z
选择 Ctl+S
剪切 Ctl+X
拷贝 Ctl+C
粘贴 Ctl+V
拓扑错误检查
拓扑重建...T
子区搜索R
备份线文件属性和参数
还原线文件属性和参数
生成Label点文件(带参数)
Label与区合并(带参数)
清除微短弧线C
清重坐标及自相交
检查重叠弧线
数图变换C
线转弧段L
弧段转线A
自动剪断线T
整块移动
整块复制F
自动节点平差D
边沿处理B
自动连接线
武定县
园觉庵石棉分厂
1764.4
1790.8

图 8-3　选择内框线

8.4.1　复制图框线

首先将图幅的内框线复制到 Geoline. wl 图层中，作为连图的约束范围。具体步骤如下。

（1）将图框线文件置于当前编辑状态，选择菜单“其它”→“选择”，然后选择内框线（如果内框线由多条独立的线段组成，可按住 Ctrl 键进行多选），如图 8-3 所示。

（2）选中内框线之后，再选择菜单“其它”→“拷贝”，如图 8-4 所示。

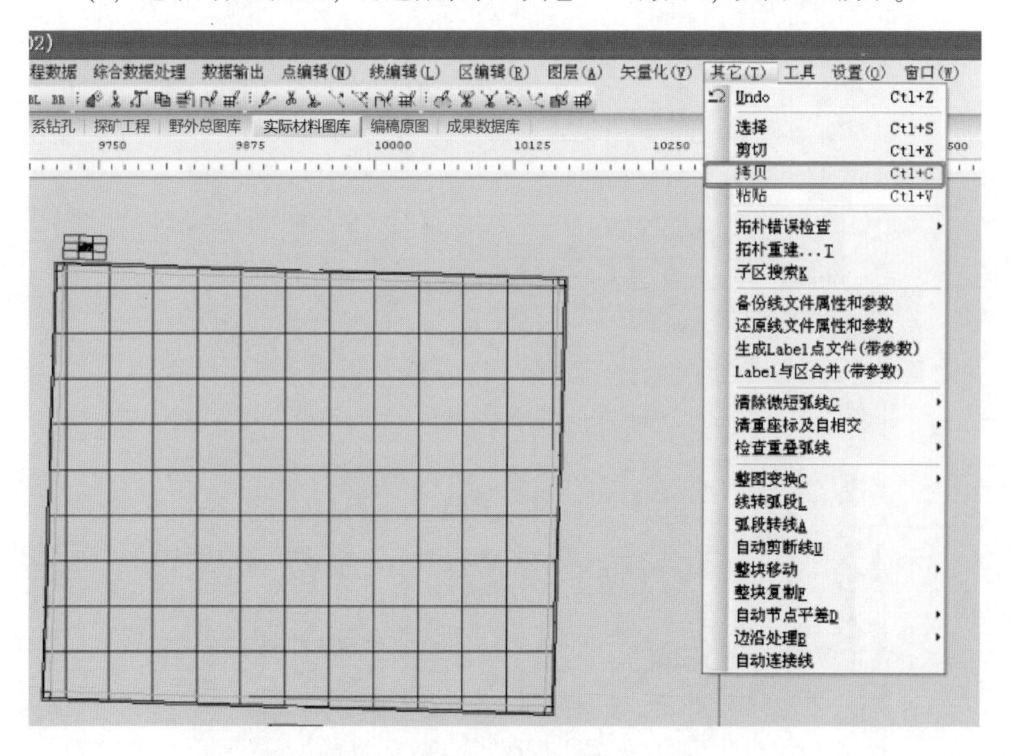

图 8-4　拷贝内框线

（3）将 Geoline. wl 置于当前编辑状态，选择菜单“其它”→“粘贴”，即完成了内框线的复制，如图 8-5 所示。

（4）如内框线由若干独立的线段组成，为了以后拓扑方便，可先将线段连接，形成封闭的矩形框。

8.4.2　连接地质界线的注意事项

连接地质界线时，要充分利用软件工具和一些技巧，为后期的地质图制作和拓扑关系建立提供方便。

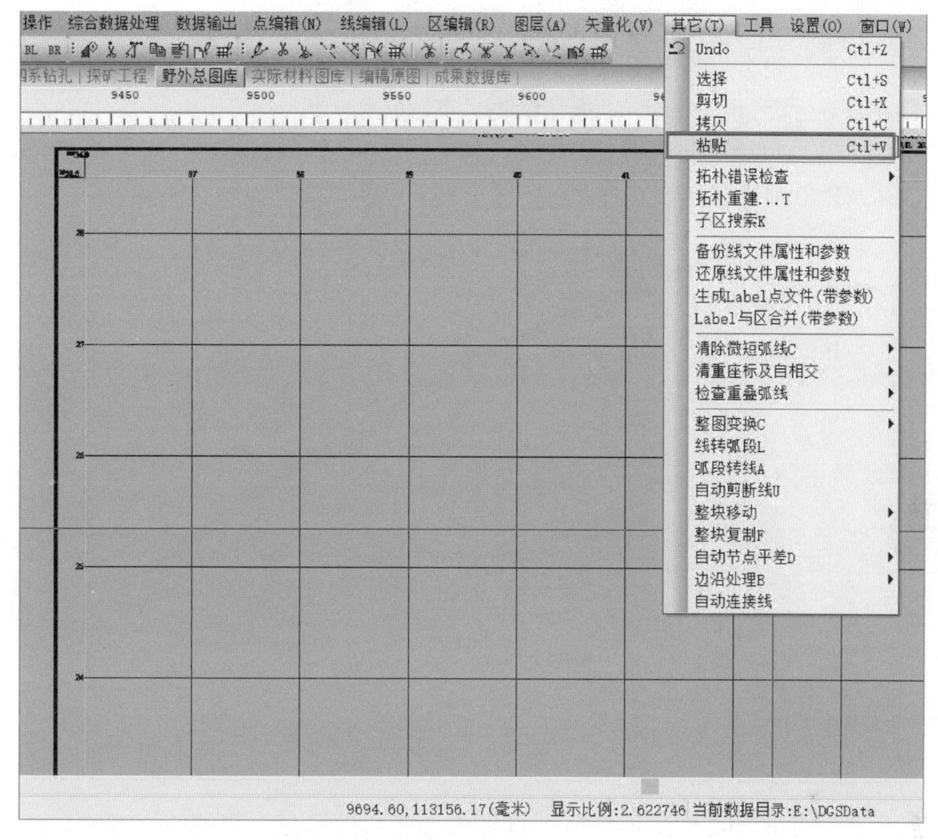

图8-5　将内框线粘到Geline. wl子文件

（1）灵活运用MapGIS快捷键进行辅助绘图。由于画线过程中需要不断移动、放大或缩小图面，并且有时需要退点等操作，仅仅使用鼠标操作是不够的，所以需要对MapGIS的快捷键熟练应用，辅助绘图。MapGIS的主要快捷键及其用途见表8-1。

表8-1　主要快捷键及其用途

快捷键	用　途
F5	以鼠标位置为中心，放大窗口
F6	以鼠标位置为中心，平移窗口
F7	以鼠标位置为中心，缩小窗口
F8	画线时，在鼠标位置加点
F9	画线时，取消最后一个点，即退点
F12	画线时，捕捉线上结点（包括线头、线尾），多用于建立结点和连接线等

（2）如果已知线类型，可在连图过程中顺便设置线参数，以便后续工作。例如，已知界线类型为断层界线，可在绘制该界线时按照地质图中对断层界线的参数要求进行设置，如线颜色为红色等。

（3）在连接线和建立结点时须使用捕捉线头功能（F12 键）。如图 8-6 所示，在连接两条线或者线间建立结点时，使用 F12 键捕获线头线尾功能。

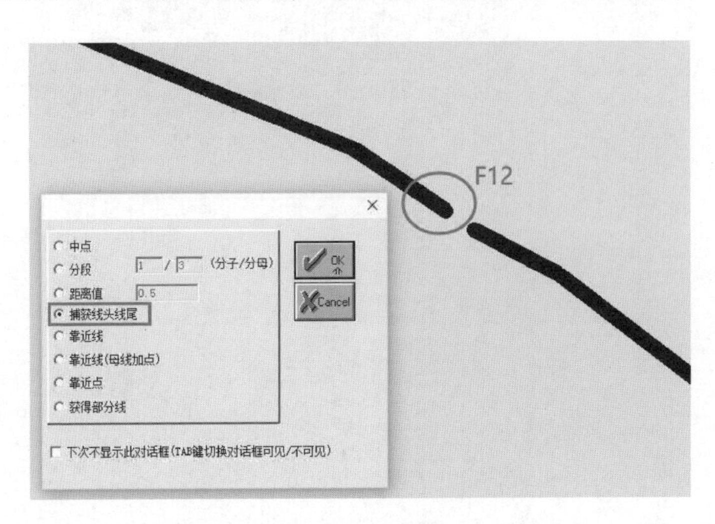

图 8-6　在连接两条线或者建立结点

（4）当新建的界线需要截断图框线或者已知界线建立新的结点时，可以先使两条线相交，并保留微小的线头，以后建立拓扑时可用“自动剪断线”功能批量处理，如图 8-7 所示。

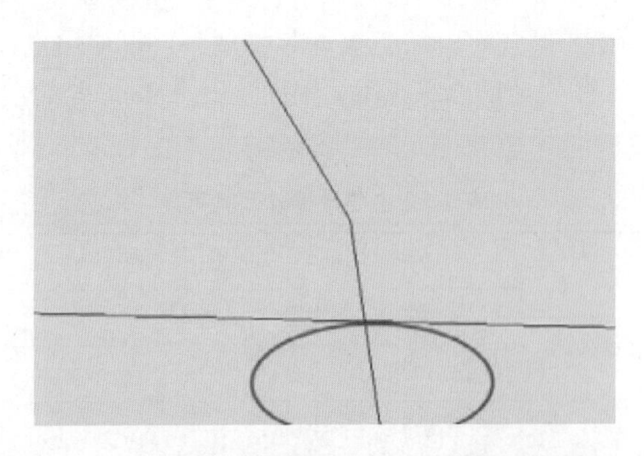

图 8-7　地质界线与图框相交时，保留微小的线头

（5）绘制界线时，线参数要设置为“折线”，不能为“曲线”。“曲线”方式是支持拓扑的。地质界线初步连接完成后如图 8-8 所示。

图 8-8　地质界线连接初步完成

8.4.3 地质界线的拓扑

(1) 建立地质界线的拓扑，首先需要利用程序工具将微短线、自相交线、重叠线和重叠点等影响拓扑关系建立的空间错误排除掉。涉及的功能主要集中于“其它”菜单下，如图8-9所示。

(2) 自动剪断线。该功能将相交的线段全部自动剪断，是建立线拓扑之前的必须步骤。选择菜单“其它”→“自动剪断线”即可。

(3) 进行线拓扑错误检查，如图8-10所示，并对检查出的拓扑错误进行逐一排除，如图8-11所示。

注意，悬挂断层线属于地质界线，但会提示拓扑错误，切记不要删除。

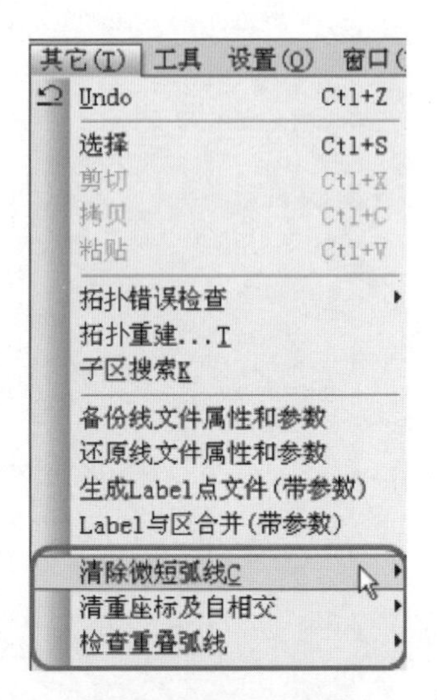

图8-9 地质界线空间错误检查工具

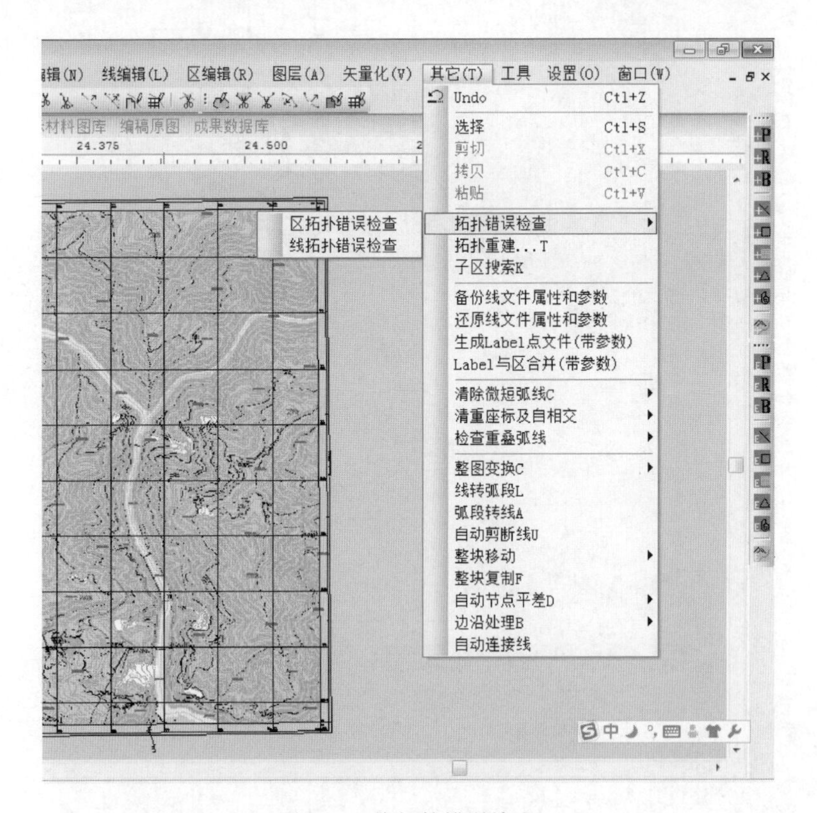

图8-10 线拓扑错误检查

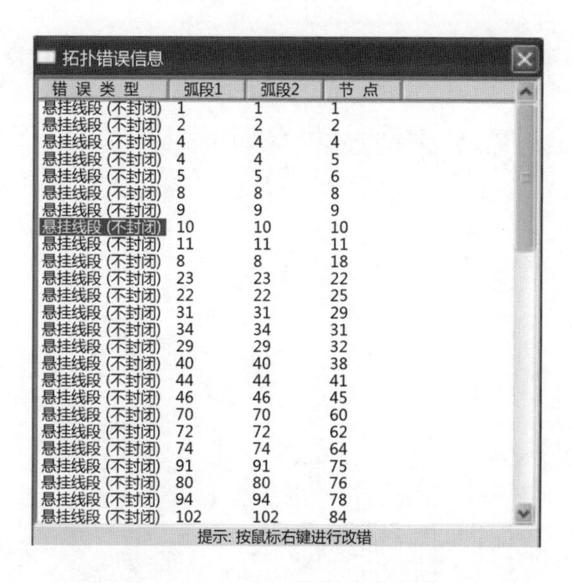

错误类型	弧段1	弧段2	节点
悬挂线段 (不封闭)	1	1	1
悬挂线段 (不封闭)	2	2	2
悬挂线段 (不封闭)	4	4	4
悬挂线段 (不封闭)	4	4	5
悬挂线段 (不封闭)	5	5	6
悬挂线段 (不封闭)	8	8	8
悬挂线段 (不封闭)	9	9	9
悬挂线段 (不封闭)	10	10	10
悬挂线段 (不封闭)	11	11	11
悬挂线段 (不封闭)	8	8	18
悬挂线段 (不封闭)	23	23	22
悬挂线段 (不封闭)	22	22	25
悬挂线段 (不封闭)	31	31	29
悬挂线段 (不封闭)	34	34	31
悬挂线段 (不封闭)	29	29	32
悬挂线段 (不封闭)	40	40	38
悬挂线段 (不封闭)	44	44	41
悬挂线段 (不封闭)	46	46	45
悬挂线段 (不封闭)	70	70	60
悬挂线段 (不封闭)	72	72	62
悬挂线段 (不封闭)	74	74	64
悬挂线段 (不封闭)	91	91	75
悬挂线段 (不封闭)	80	80	76
悬挂线段 (不封闭)	94	94	78
悬挂线段 (不封闭)	102	102	84

图 8-11　逐一排查线拓扑错误检查

8.5　建立地质面实体

8.5.1　地质界线转为弧段

首先将拓扑后的地质界线转化为地质面的弧段。

比较简单的方法是将 Geoline. wl 和 Geopoly. wp 图层都置于当前编辑状态，然后选择菜单“区编辑”→“线工作区提取弧”，再拉框选中全部地质界线即可完成操作，如图 8-12 所示。

8.5.2　地质面实体拓扑检查

可选择菜单“其它”→“拓扑错误检查”→“区拓扑错误检查”来排除区的拓扑错误。但一般情况下，地质面实体的弧段是由地质界线直接继承而来的，既然地质界线的拓扑已经建成，地质面就无须再检查了。

注意，不要删除悬挂断层线转成的弧段。虽然该弧段对于拓扑造区无意义，但对于后期的“自动赋地质界线左右地质体代号”的操作还是有意义的。

8.5.3　拓扑造区

选择菜单“其它”→“拓扑重建”，即可完成拓扑造区过程，如图 8-13 所示。

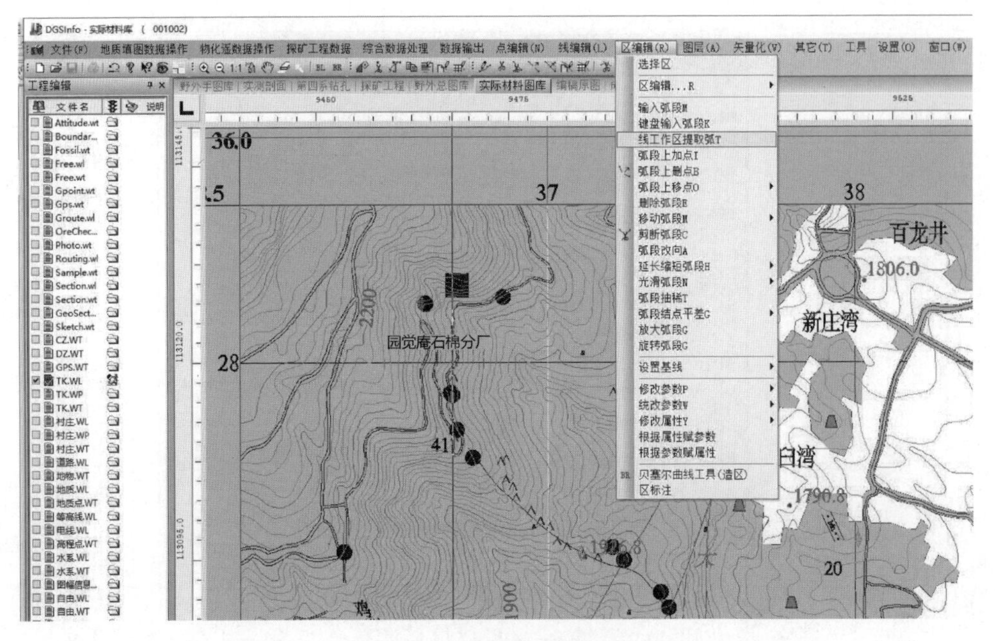

图 8-12　地质界线转为弧段

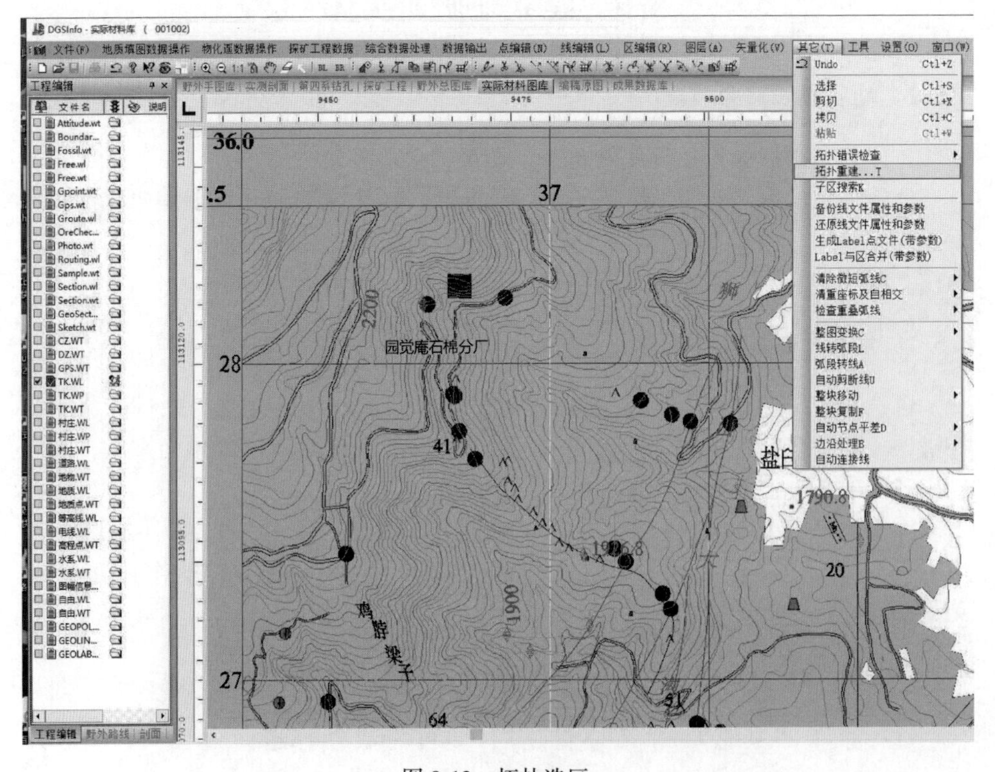

图 8-13　拓扑造区

8.6　地质面实体赋属性

为地质面实体赋属性应该是实际材料图属性与图式图例整理的第一步。当为地质面实体赋予“填图单位”和“岩石名称”等关键属性信息后，为地质界线赋属性以及为地质面实体赋颜色等操作就可以利用程序中的工具批量处理，从而提升数据处理效率。

赋属性时可以采用纯手工录入的方式。选择菜单“地质填图数据操作”→“实际材料图录入与编辑”→“面地质要素”，然后选择 1 个区实体，将弹出面地质要素属性编辑对话框，重点录入“岩石名称”“填图单位代号”和“填图单位名称”等关键字段，如图 8-14 所示。

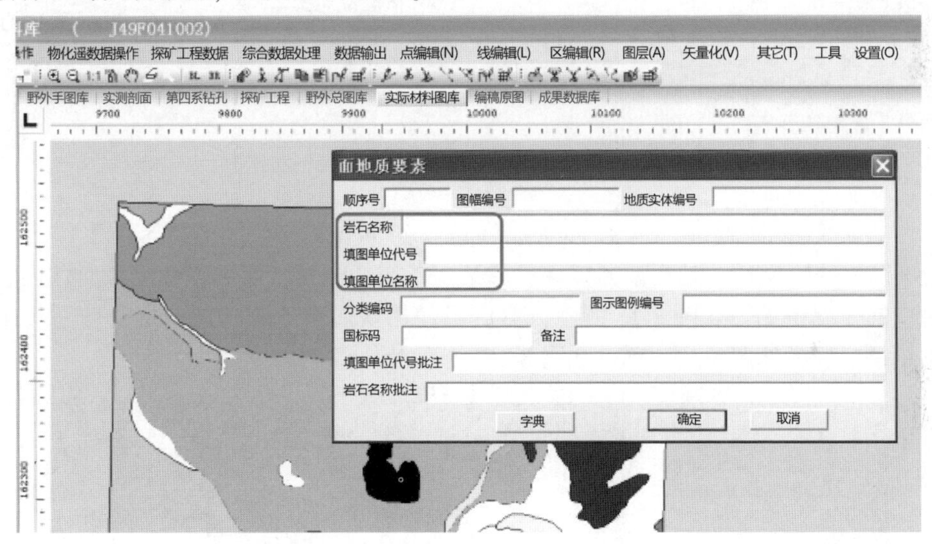

图 8-14　地质面要素手工录入界面

另一种方式是可以将点间路线 R 过程（Routing）中的“填图单位”和“岩石名称”的关键字段通过程序手段继承到相应的区实体中。具体操作如下：

（1）将地质面 Geopoly. wp 文件和点间路线 Routing. wl 文件置于当前编辑状态；

（2）选择菜单“地质填图数据操作”→“点间路线（R）属性提取到 Geopoly”；

（3）首先在图中选择某个区实体中的 1 条点间路线，接着再选择对应的区实体，即可将路线中的“岩石名称”和“填图单位”内容复制到区实体中，如图 8-15 所示。

当所有的区都用上述方法赋予“填图单位代号”的关键属性之后，可以用批量处理的方法完成“填图单位名称”字段。

首先将 Geopoly. wp 文件设置为当前编辑状态，选择菜单“地质填图数据操

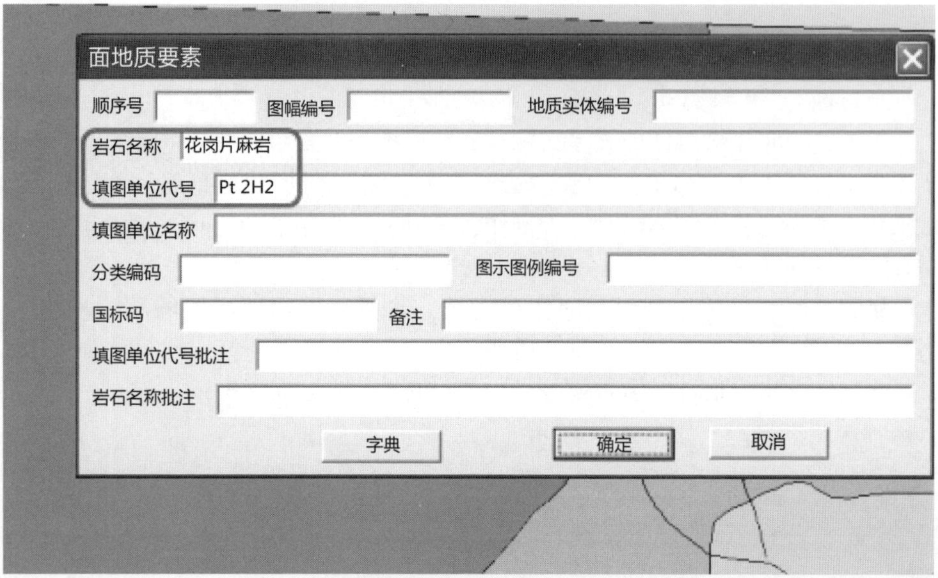

面地质要素

顺序号　图幅编号　地质实体编号

岩石名称　花岗片麻岩

填图单位代号　Pt 2H2

填图单位名称

分类编码　图示图例编号

国标码　备注

填图单位代号批注

岩石名称批注

字典　确定　取消

图 8-15　点间路线的属性内容继承到区调实体中

作”→“路线数据查询”→“按图层属性进行空间位置查询”，选择区工作区的“STRAPHA”字段，然后双击该字段的某一条属性内容，即可查询出该属性内容对应的全部图元，如图 8-16 所示，然后可使用区属性编辑功能，批量填写该填图单位对应的填图单位名称，如图 8-17 所示。

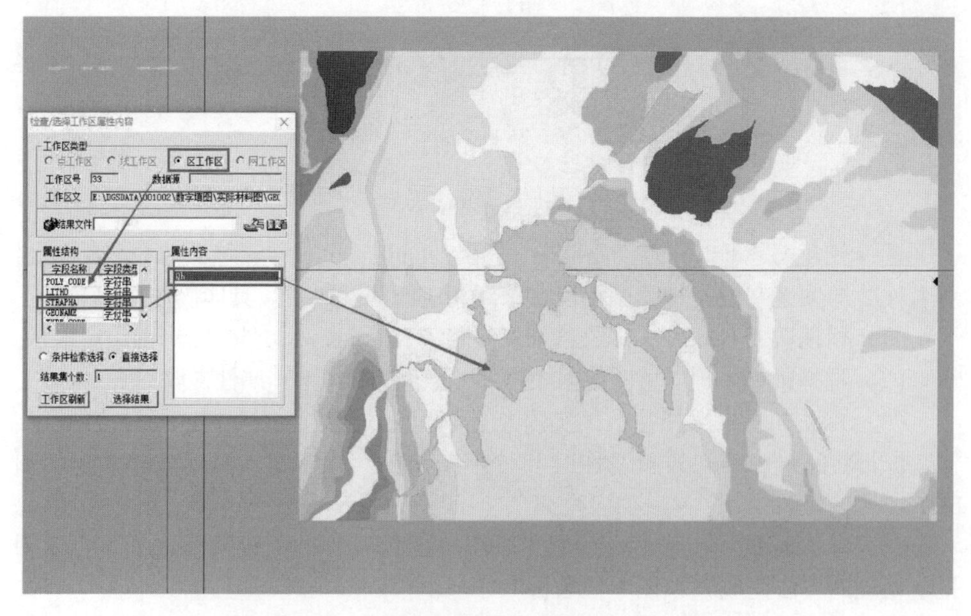

图 8-16　查询某种填图单位的全部区调实体

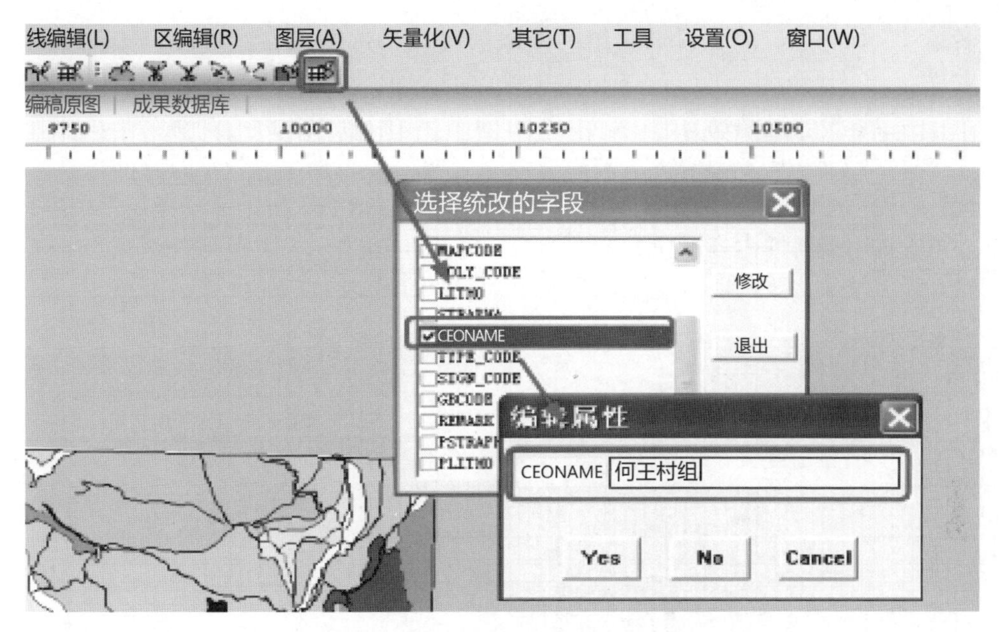

图 8-17　线改区实体填图单位名称属性

面实体的其他属性可由“实际材料图属性浏览”功能统一赋值，如图 8-18 所示。

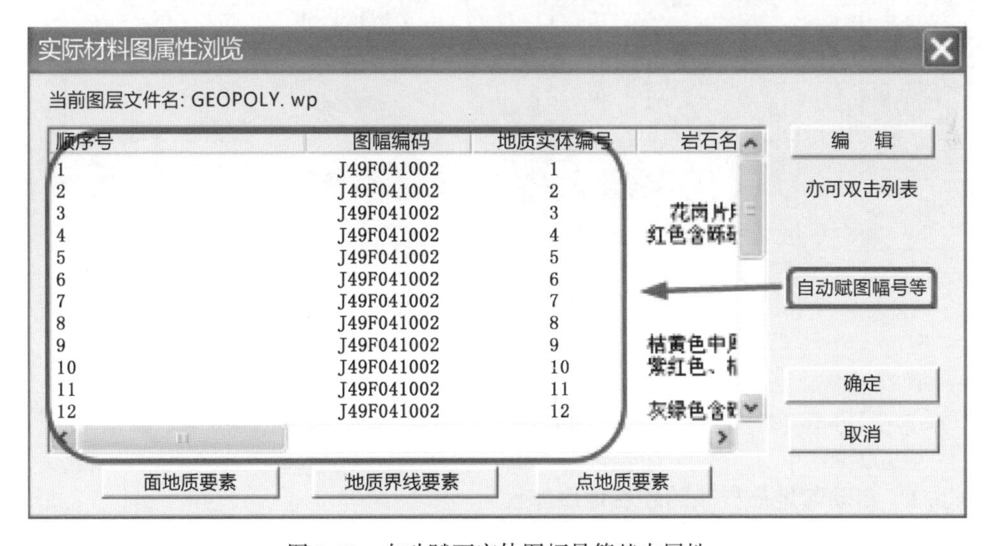

图 8-18　自动赋面实体图幅号等基本属性

8.7　地质面实体赋参数

为地质面实体赋颜色或岩石花纹等信息，需要参考“填图单位”或“岩石名称”字段内容，故也可以利用“按图层属性进行空间位置查询”功能批量设置。

本节以修改区颜色为例，首先将 Geopoly. wp 文件设置为当前编辑状态，选择菜单“地质填图数据操作”→“路线数据查询”→“按图层属性进行空间位置查询”，选择区工作区的“STRAPHA”字段，然后双击该字段的某一条属性内容，即可查询出该属性内容对应的全部图元，如图 8-16 所示；然后可使用区参数编辑功能，统一修改该填图单位对应的区颜色，如图 8-19 所示。

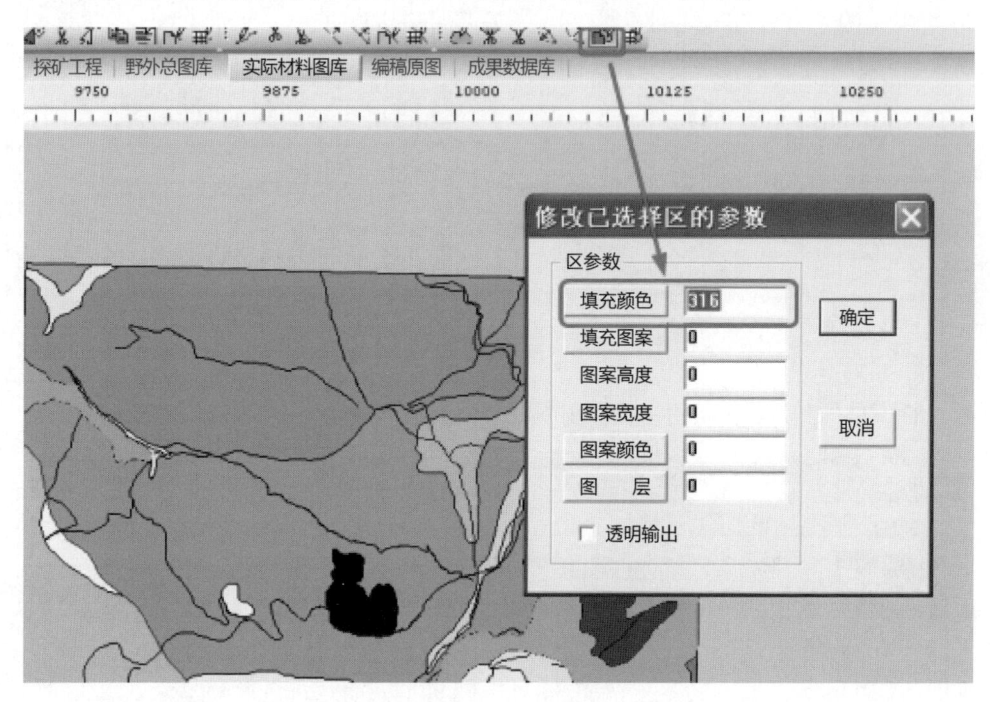

图 8-19 统改区颜色

8.8 为 Geoline 地质界线赋属性

8.8.1 自动赋地质界线的左右地质体代号

当完成所有的区图元属性之后，可以利用程序功能“自动赋 Geoline 左右地质体代号”自动为相关的地质界线赋左右地质代号的关键字段。

正常进行本操作的前提是保证“线弧一致性”。如果 Geoline. wl 和 Geopoly. wp 文件存在线弧不一致的情况，可以用菜单“地质填图数据操作”→“实际材料图综合工具”→“线弧一致性检查”工具进行检查。

按照本文操作流程，Geopoly 区的弧段完全是由 Geoline 线文件转换而来，可以确保线弧一致性。

选择菜单“地质填图数据操作”→“实际材料图综合工具”→“自动赋 Geoline 左右地质体代号”即可完成地质界线关键属性的赋值。

8.8.2　地质界线其他属性的填写

可以通过“实际材料图属性浏览”功能对地质界线的图幅号等基本属性进行统一赋值，并针对每条地质界线，完成“接线类型”等关键属性，如图 8-20 所示。

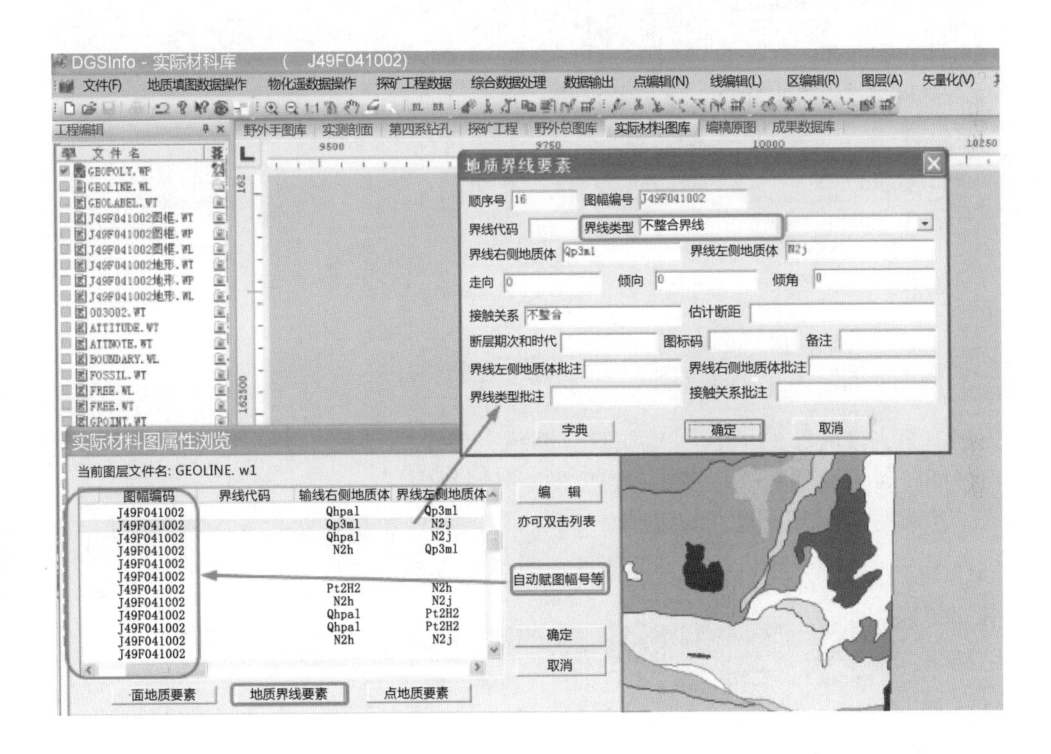

图 8-20　地质界线属性编辑

8.9　地质代号的批注和自动回填

随着地质认识的加深，图幅中的地质体代号有时也需要根据实际情况进行修订。

地质代号的修订也需要在地质面的批注属性中完成，如图 8-21 所示。

面实体批注完成后，可使用系统中的“地质代号回填”工具将批注内容回

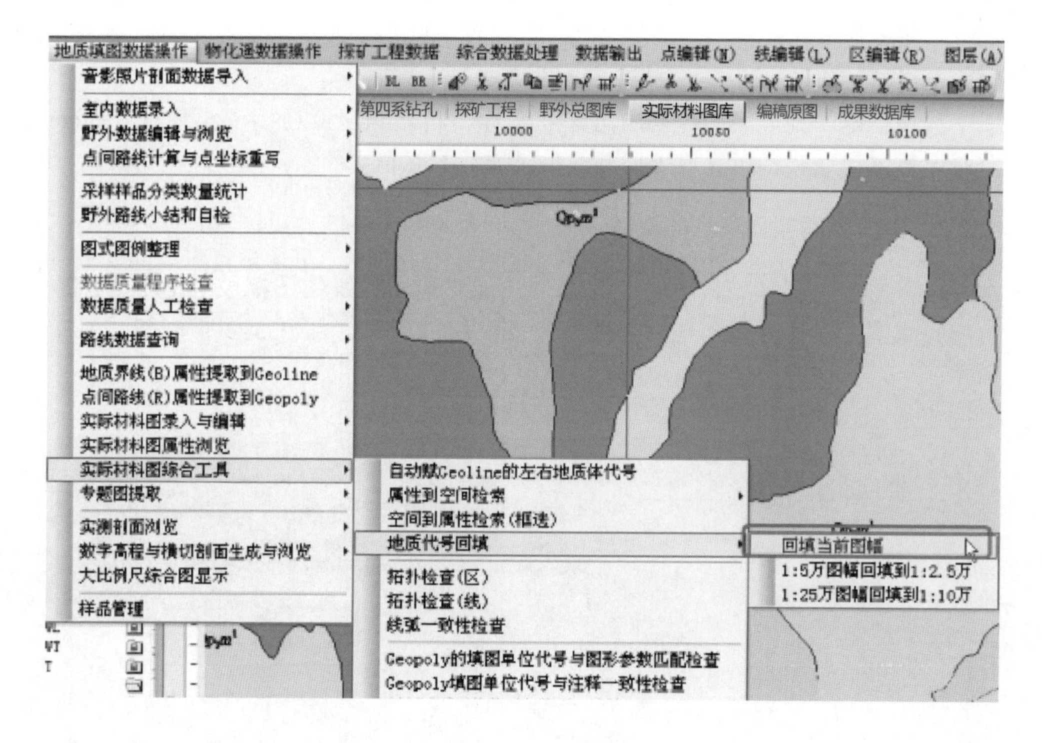

图 8-21　地质代号回填

填到该面实体内部的 PRB（地质点、路线、界线）过程。该回填过程可从实际材料图阶段追溯到野外总图库和相应的野外路线中。

在本节中，某区实体的原始代号为“Qp3m1”，批注为“N2h”。按图 8-22 选择菜单，然后选择目标区实体即可，如图 8-23 所示。

图 8-22　地质体代号批注

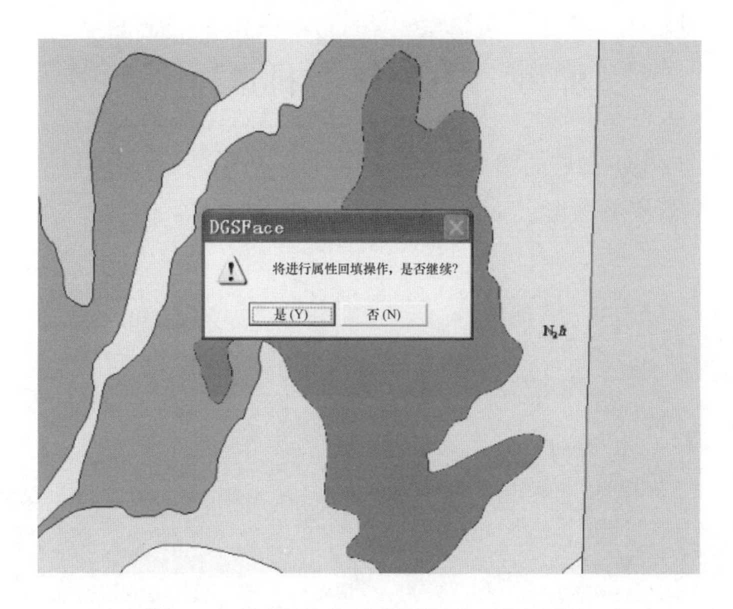

图 8-23　选择目标区实体进行地质代号回填

回填过程完毕后，可选择其中的 PRB 过程观察属性回填情况。图 8-24 为该区中分段路线回填情况。

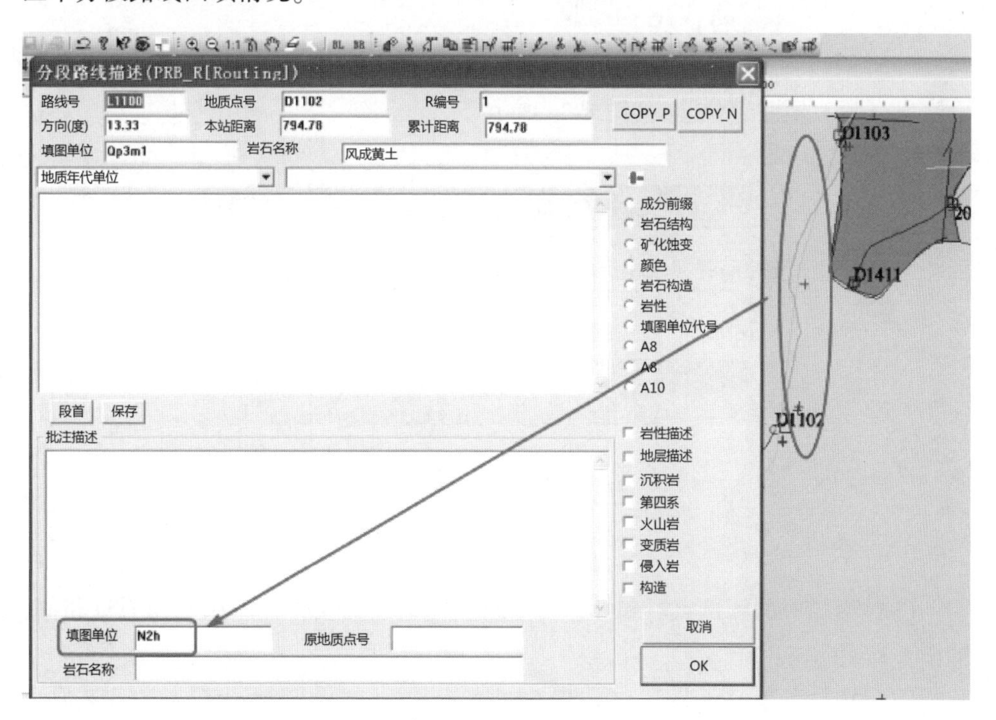

图 8-24　地质代号回填到对应的野外原始数据中

8.10　地质面实体批量标注

该功能可以根据做好的图例对地质面实体的填图单位代号进行批量标注。

（1）先做好图例文件，如图 8-25 所示。

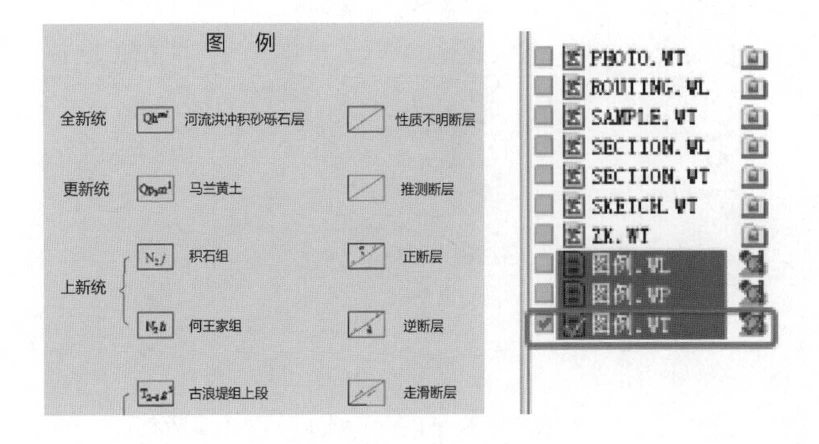

图 8-25　制作好的图例

（2）给图例的点文件创建 1 个属性结构，用于存储填图单位代号。本节示例中字段名为“填图单位”，如图 8-26 所示。

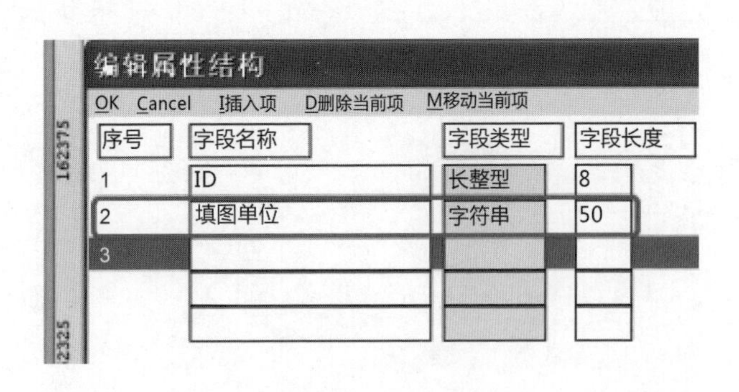

图 8-26　创建图例点的属性机构

（3）给相应的图例点赋属性，要求与相应地质面实体的填图单位属性相同，如图 8-27 所示。

（4）选择菜单“工具”→“根据图例标注区”，按图 8-28 配置参数，然后点击“确定”，即可将图例标注在相应区实体上，如图 8-29 所示。

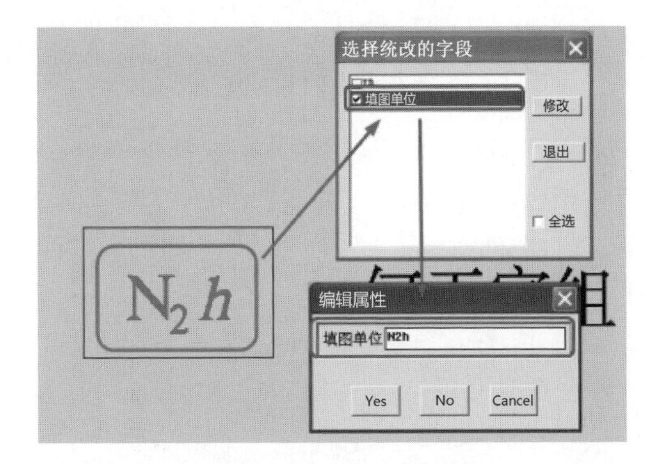

图 8-27　修改图例点文件属性

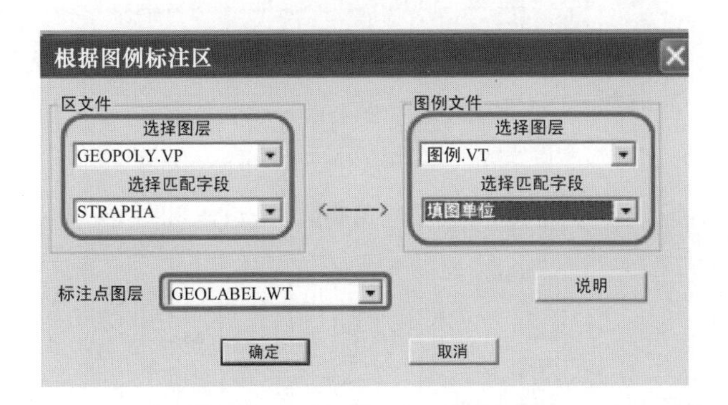

图 8-28　根据图例标注区调参数配置

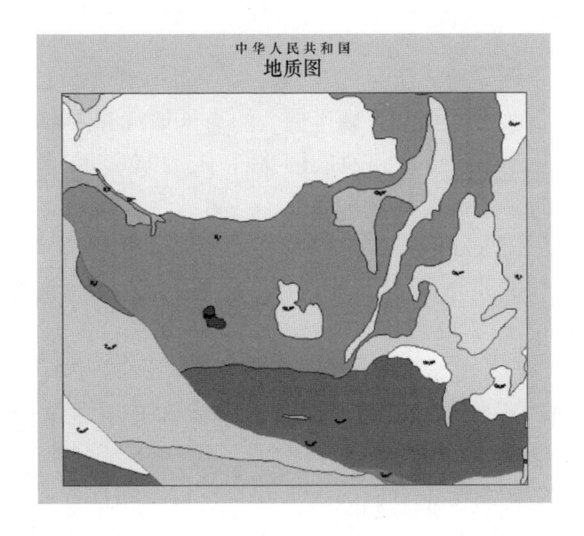

图 8-29　根据图例批量标注地质体代号效果图

8.11 实际材料图质量检查

实际材料图的质量检查涉及“实际材料图综合工具”中的“线弧一致性检查”“Geopoly的填图单位代号与图形参数匹配检查”“Geopoly填图单位代号与注释一致性检查”及“判断地质界线代码与线型一致性”等功能，如图8-30所示。具体操作和注意事项将在任务10“空间数据库建立”中详细介绍。

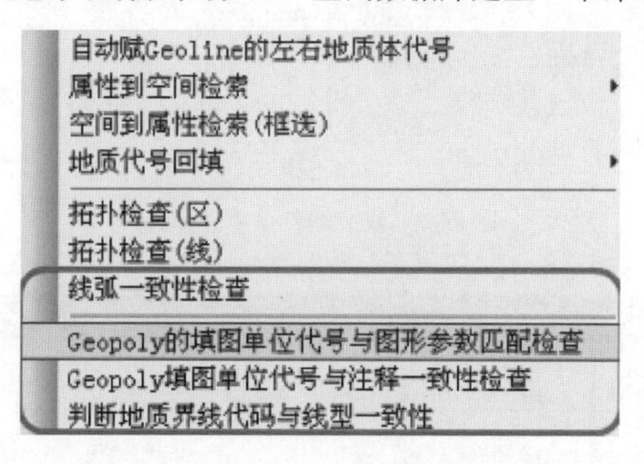

图8-30 实际材料图质量检查综合工具

8.12 实际材料图拓扑重建

另外，实际材料图拓扑并不是一次性完成，必然存在修改与完善的过程，这就涉及拓扑重建的问题。

拓扑重建的一般步骤是：利用程序中提供的“生成Label点文件（带参数)”功能，将现有的地质面文件的属性和参数完整地备份到Label点文件中。待拓扑重建后，所有的地质面实体全部重新生成，原有的属性和参数都会重置，这时可将之前保存的Label点文件合并到地质面文件中，以恢复拓扑重建之前的状态。然后对新增的地质面实体进行属性和参数的编辑即可。

下面举例说明拓扑重建的操作步骤：

如图8-31所示，Geoline.wl图层中新增了一条地质界线，需要重新进行拓扑。

（1）将Geopoly.wp图层置于当前编辑状态，使用“生成Label点文件（带参数)”功能，将当前区的属性和参数保存下来，如图8-32所示。

（2）将Geopoly.wp图层中的区和弧段全部删除并压缩保存工程。可在删除前将原来的Geopoly.wp文件进行手工备份。

（3）将Geoline.wl图层置于当前编辑状态，进行拓扑检查并排除拓扑错误，如图8-33所示。

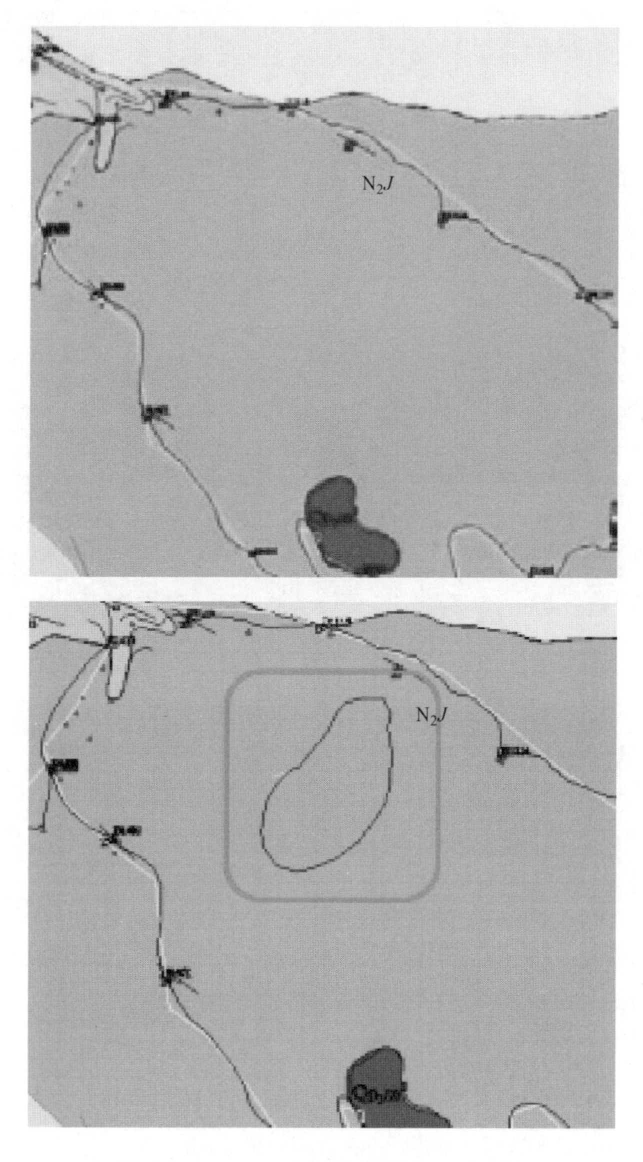

图 8-31　Geoline 图层中新增的地质界线

（4）通过“线工作区提取弧”“区拓扑错误检查”和“拓扑重建”等操作，重新建立区的拓扑，如图 8-34 所示。

（5）使用“Label 与区合并（带参数）”功能，打开之前保存的 Label 点文件，如图 8-35 所示。

（6）Label 点文件合并后，与上次拓扑相同的区的属性与参数全部保留下来，仅需对新增的区实体进行属性和参数编辑即可，如图 8-36 所示。

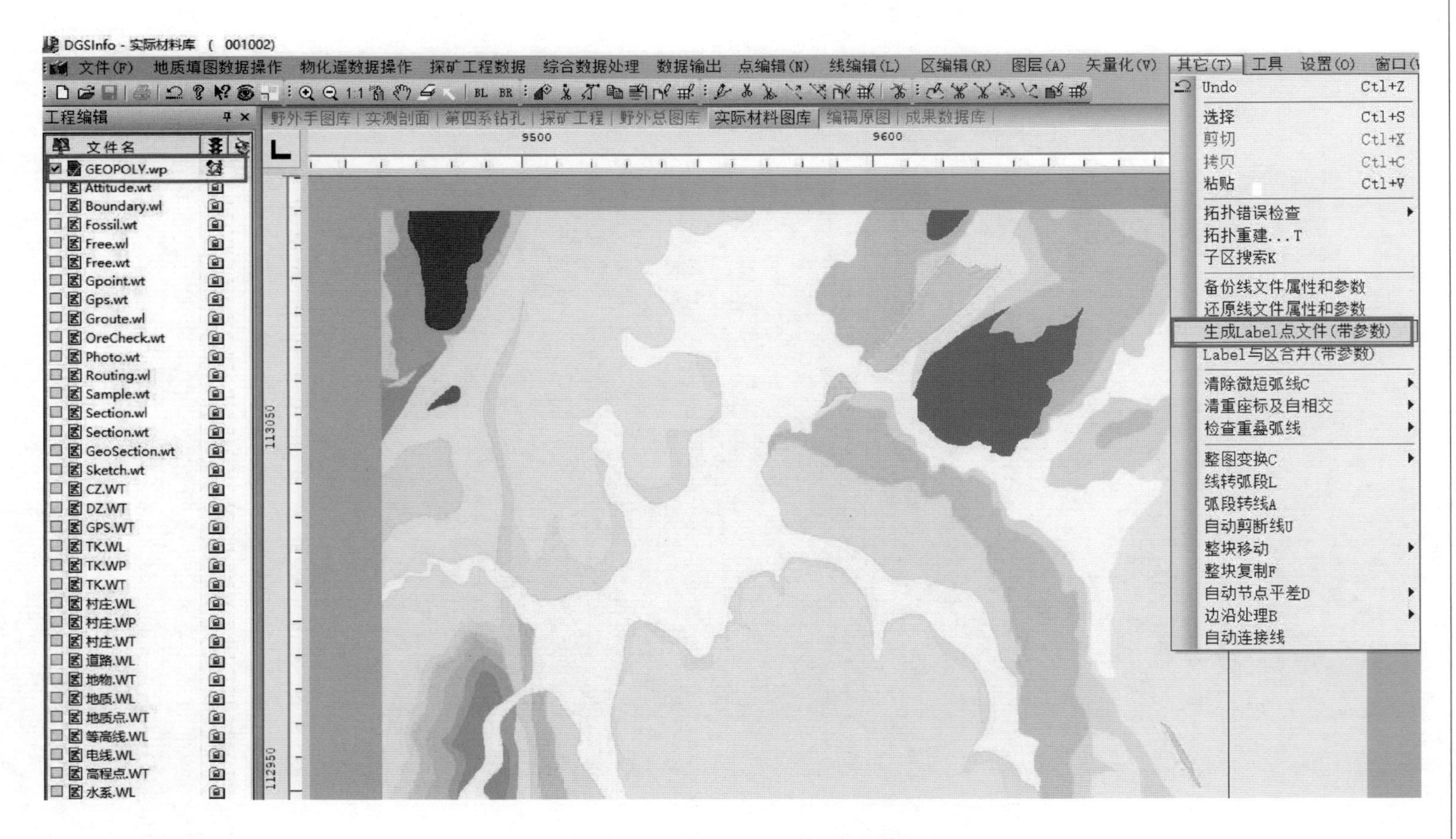

图 8-32　生成 Lable 点文件(带参数)

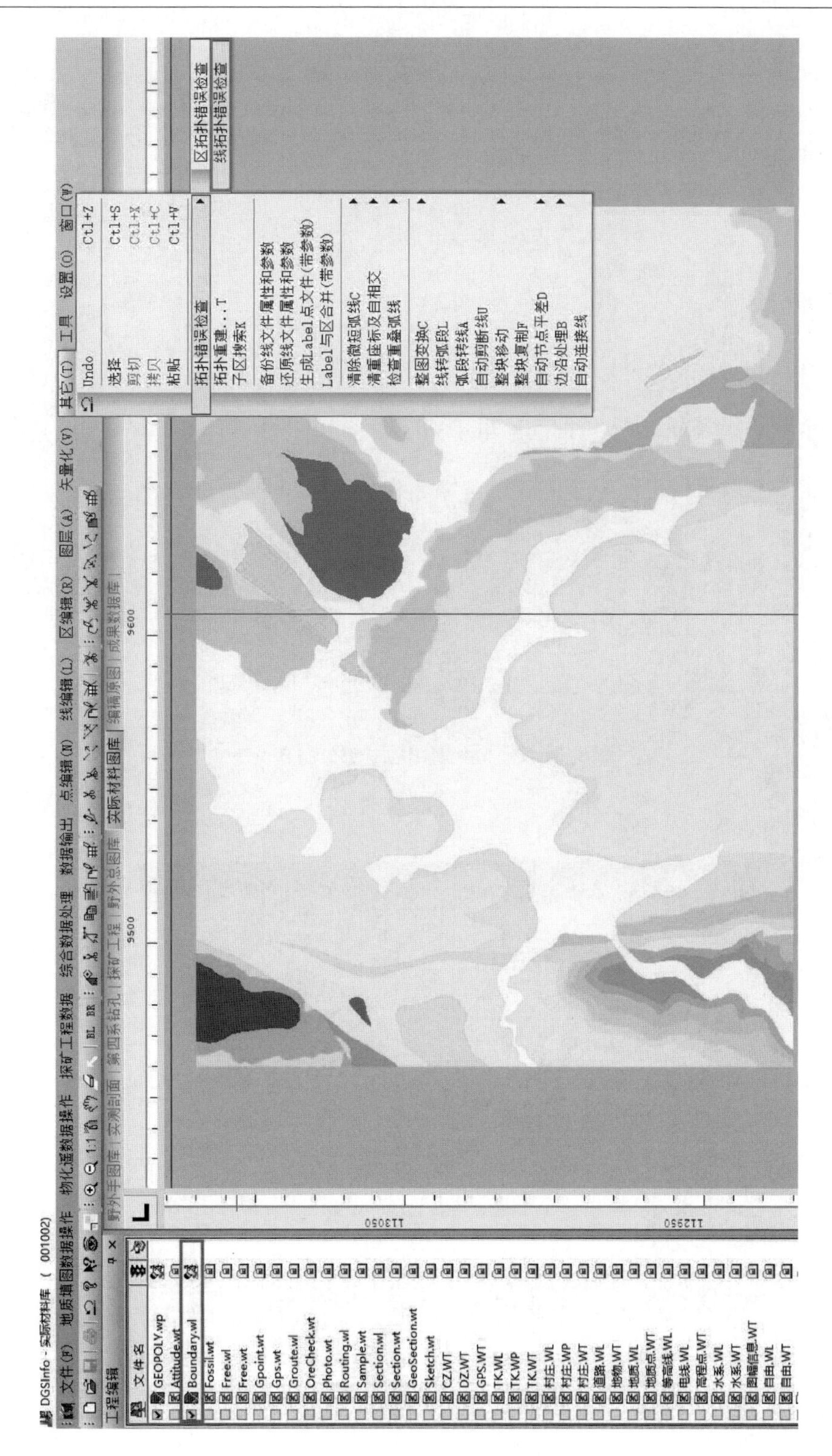

图 8-33 线拓扑检查

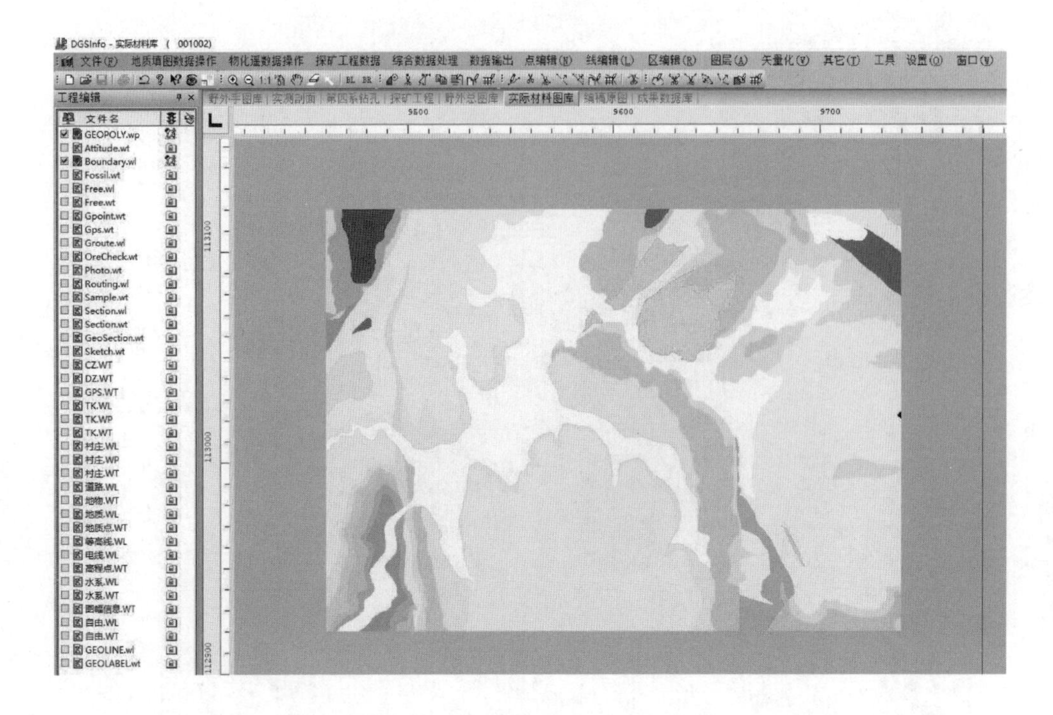

图 8-34　拓扑重建操作后的区文件

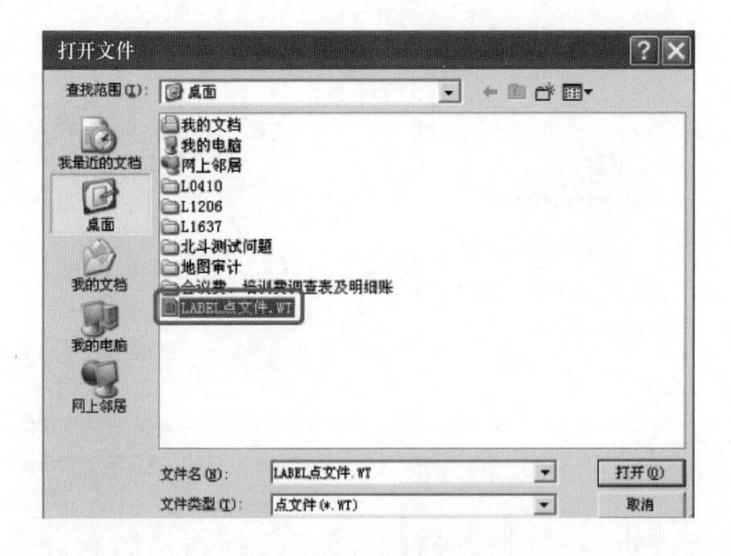

图 8-35　打开 Label 点文件

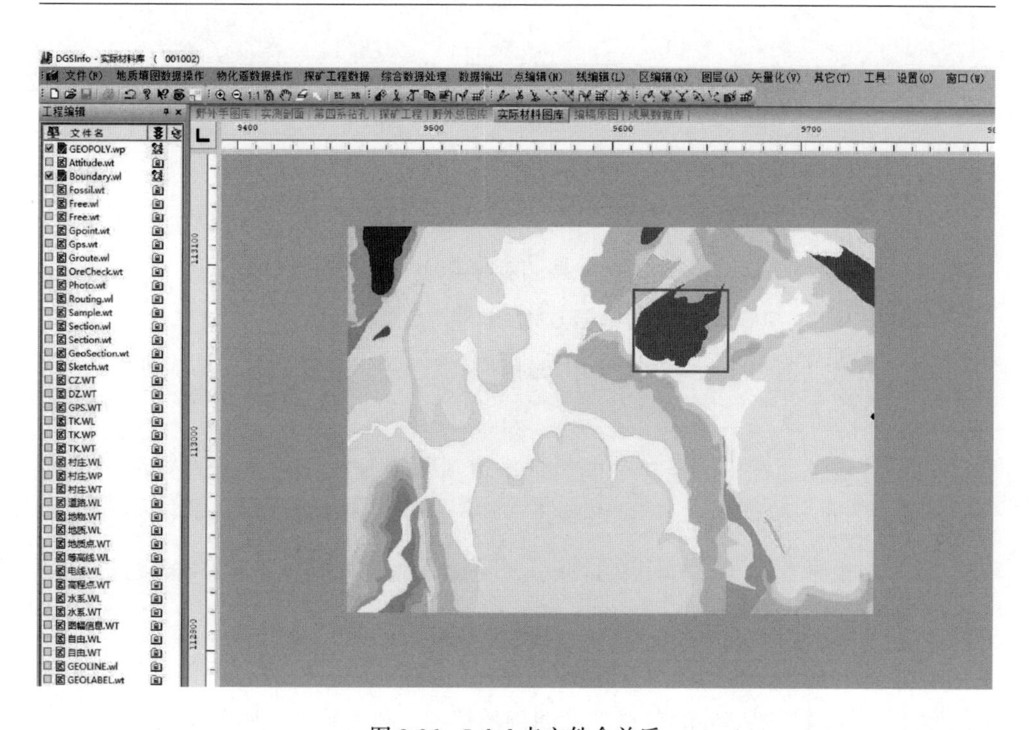

图 8-36　Label 点文件合并后

任务 9　编稿原图建立

完成 4 幅 1：25000 的实际材料图之后，就可以将所有 1：25000 的实际材料图投影生成 1：50000 的编稿原图。具体步骤如下：

（1）利用 1：50000 的图框 J49E021001 建立图幅工程。

（2）依次点击“实际材料图”“编稿原图”两个标签，进入 J49E021001 图幅的编稿原图阶段。

（3）在编稿原图中，选择菜单“地质填图数据操作”→“实际材料图到编稿原图”→“1：2. 5 万图幅 PRB 投影到 5 万”，然后分别选择 1：25000 的图幅号，点击“开始投影”即可，如图 9-1 所示。同样方法选择其他 1：25000 图幅进行投影，最终效果如图 9-2 所示。

（4）接下来可利用程序工具完成 4 幅 1：25000 图幅的接边工作、1：50000 图幅拓扑工作以及图框外的各种图式图例的整理，最终形成完整的编稿原图（地质图）。

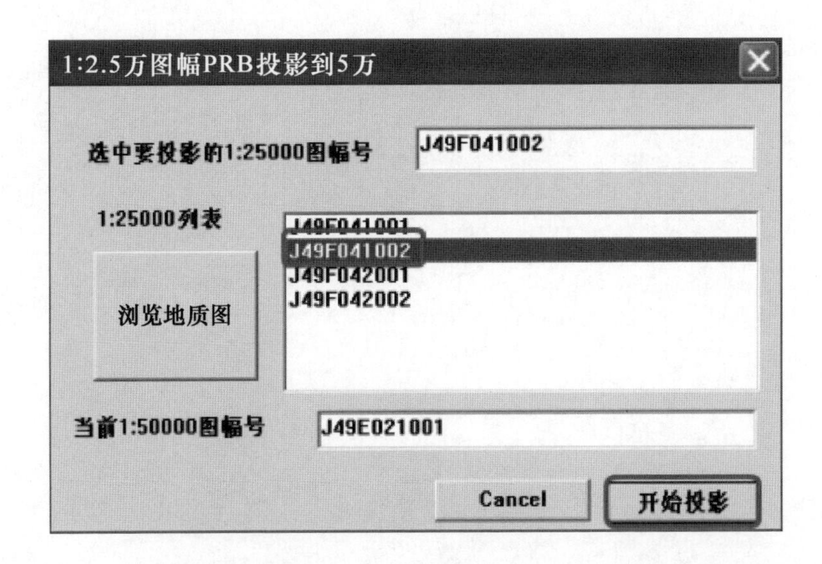

图 9-1　选择 1：25000 的图幅进行投影

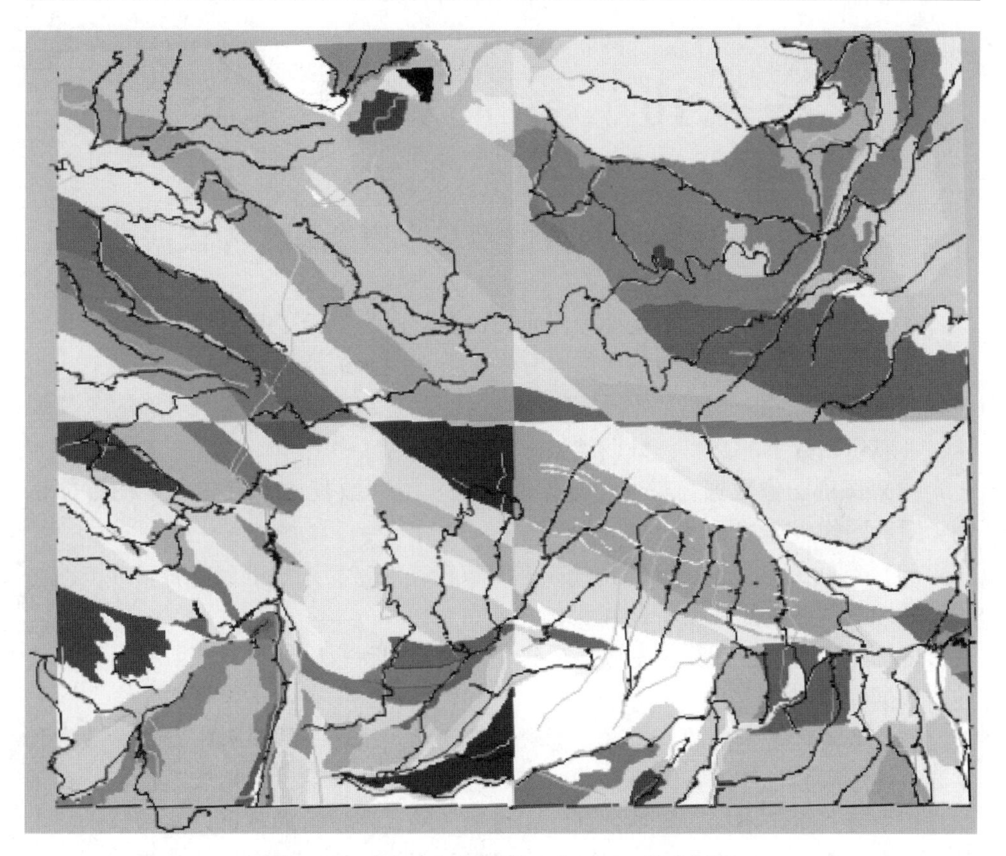

图9-2　4个25000投影到一个50000编稿原图

任务 10　空间数据库建立

10.1　地质图空间数据库基本概念和建库依据

空间数据库：存储的不是单一性质的数据，而是涵盖了几乎所有与地质相关的数据类型，这些数据类型主要可以分为 3 类。

(1) 属性数据：与通用数据库基本一致，主要用来描述地学现象的各种属性，一般包括数字、文本、日期类型。

(2) 图形图像数据：与通用数据库不同，空间数据库系统中大量的数据借助于图形图像来描述。

(3) 空间关系数据：存储拓扑关系的数据，通常与图形数据是合二为一的。

属性数据和空间数据联合管理。

传统建库方式：计算机专业人员建库和制图的初级阶段模式或阶段，单纯地建立数据库而建数据库。

与业务流程融合的建库模式：把数据生产融入生产一线，对主要原始数据和主要最终成果数据库进行统一描述、统一组织、统一存储，由地质人员自己在工作过程中逐步生产不同阶段的数据库和数据产品。使项目人员可以从计算机技术的应用中体会到新技术带来的好处，形成新的工作模式，对提高研究精度、效率和成果的表现形式提供了重要的技术保障。

数字地质调查系统：地质技术人员借助 DGSS，对地质调查工作不同阶段所获得的资料进行及时的综合分析，上一阶段工作成果及时指导下一阶段工作安排，强调的是数据模型与工作阶段的融合、继承，大大缩短了资料整理和建库时间。

10.1.1　建库标准依据

依据《数字地质图空间数据库》（DD 2006—06）、《地质信息元数据标准》（DD 2006—05）进行建库。

10.1.2　基本概念

地质图空间数据库组织模型把地质图数据组织成关系型的数据对象：对象类、基本要素类、综合要素类、独立要素类、关系类数据集。

空间数据库中涉及的基本概念：基本要素类、综合要素类、独立要素类、对象类、关系类、子类型等，以及相关的数据模型、要素编码规则等见地质调查技术标准《数字地质图空间数据库》。该技术标准中要求建库的要素类和对象类包括：15 个基本要素类，8 个综合要素类，12 个对象类，以及图例图饰（如接图表、图例、综合柱状图、责任表、图切剖面、其他角图）等独立要素类。由于每个图幅地质特点不同，一张地质图的空间数据库中不一定出现所有要素类和对象类。

10.2　空间数据库建库前的准备工作

10.2.1　建库基本要求

（1）DGSS 要求的投影参数：从图幅地理底图相关参数继承过来。

（2）系统库：建库原则上使用 DGSS 统一的系统库。系统库与 GB/T 958—2015 的对应关系以及地理部分请参照图例板及图例板说明。

（3）结点搜索半径：系统参数设置中的结点/裁剪搜索半径设置不大于 10^{-9}。

10.2.2　编稿原图的空间数据质量要求

地质图空间数据库建库的基础图件必须是经主管部门审查认定的编稿原图，如果相关成果报告及地质图件（编稿原图）按专家意见进行了修改，则地质图空间数据库必须参照修改流程进行相应修改完善。

用于空间数据库建库的编稿原图数据质量要求包括：

（1）无重叠线、无线的重叠坐标；

（2）无悬挂线，不作为地层分界线的断层的悬挂线保留，由此产生的悬挂弧段要删除；

（3）地层接触关系正确，地质界线压盖合理并处理正确；

（4）多边形封闭；

（5）结点建立（如断层切割地质体）；

（6）不同图层共用界线一致（图层套合）。

在检查数据质量时，必须按照地质图对图面拓扑一致性、地质要素表达及图面结构等基本要求对其进行全面系统严格的检查：（1）排除所有拓扑错误，确保逻辑一致性（拓扑一致性及套合、属性值与图形参数、注释与属性的一致性等）。（2）图面规范性整饰：地质体/地质界线压盖合理性；图面结构合理性；符号/线划/用色/花纹规范性；注记/引线规范性；产状的取舍。（3）主图廓外各类角图的准确性、合理性整饰。（4）地质体、地质界线、产状的属性完整性。使其完全达到地质图整饰及空间数据库建库要求。

需指出的是，应将样品、产状、素描、同位素、照片及面、线等所有地质要素图层添加至编稿原图工程列表中，保证空间数据库提取相关信息时能准确提取；建议此时的产状图层是经过取舍后的产状，即空间数据库入库（地质图面表达）的产状，其余的诸如样品、同位素、照片、素描、钻孔等是图幅野外采集的全部。图 10-1 为采用数字地质调查系统整饰完成的编稿原图。

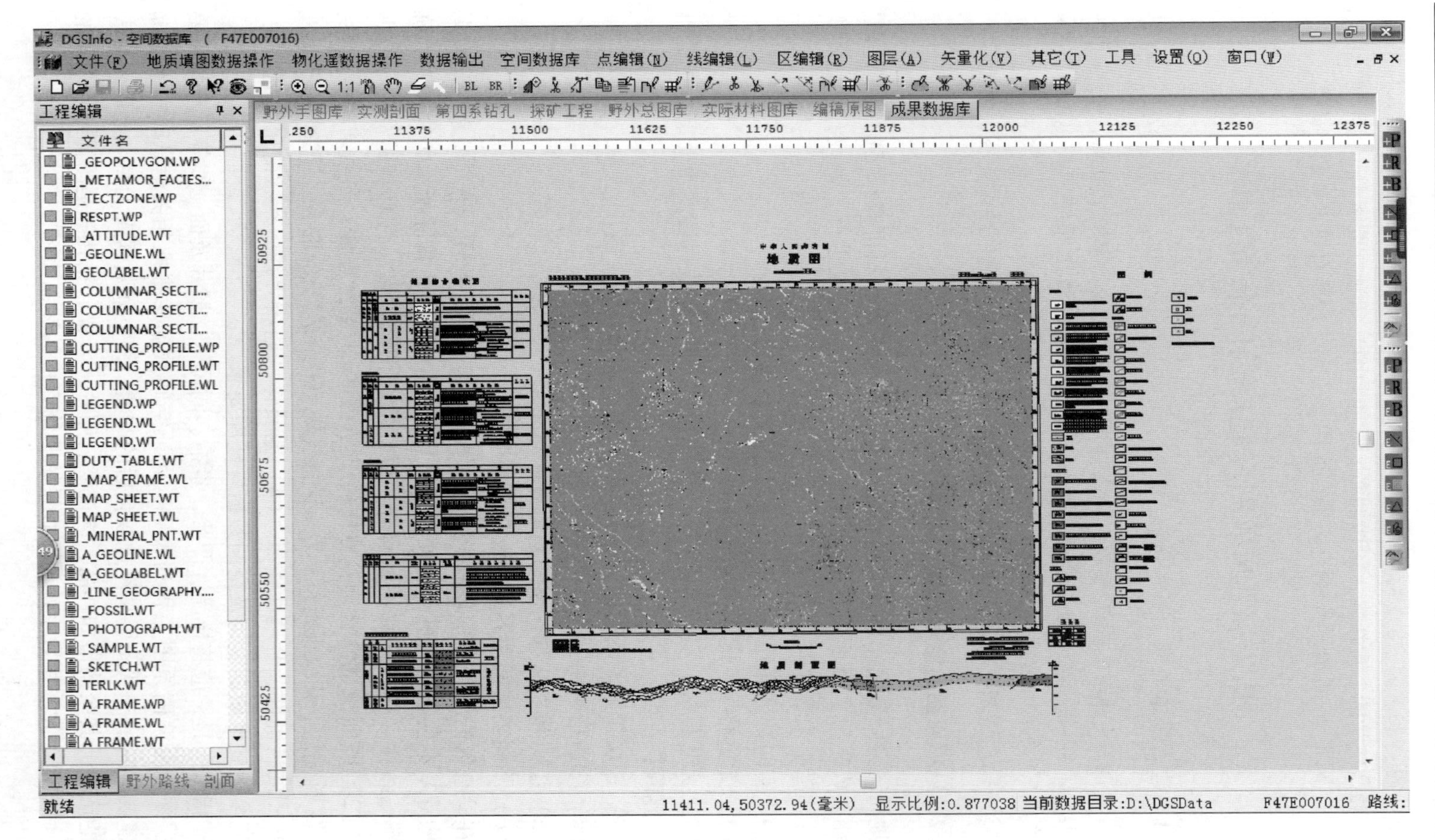
DGSInfo - 空间数据库 （ F47E007016）
文件(F) 地质填图数据操作 物化遥数据操作 数据输出 空间数据库 点编辑(N) 线编辑(L) 区编辑(R) 图层(A) 矢量化(V) 其它(T) 工具 设置(O) 窗口(W)
工程编辑
文件名
_GEOPOLYGON.WP
_METAMOR_FACIES...
_TECTZONE.WP
RESPT.WP
_ATTITUDE.WT
_GEOLINE.WL
GEOLABEL.WT
COLUMNAR_SECTI...
COLUMNAR_SECTI...
COLUMNAR_SECTI...
CUTTING_PROFILE.WP
CUTTING_PROFILE.WT
CUTTING_PROFILE.WL
LEGEND.WP
LEGEND.WL
LEGEND.WT
DUTY_TABLE.WT
_MAP_FRAME.WL
MAP_SHEET.WT
MAP_SHEET.WL
_MINERAL_PNT.WT
A_GEOLINE.WL
A_GEOLABEL.WT
_LINE_GEOGRAPHY...
_FOSSIL.WT
_PHOTOGRAPH.WT
_SAMPLE.WT
_SKETCH.WT
TERLK.WT
A_FRAME.WP
A_FRAME.WL
A_FRAME.WT
工程编辑 野外路线 剖面
野外手图库 实测剖面 第四系钻孔 探矿工程 野外总图库 实际材料图库 编稿原图 成果数据库
地质图
就绪 11411.04, 50372.94(毫米) 显示比例:0.877038 当前数据目录:D:\DGSData F47E007016 路线:

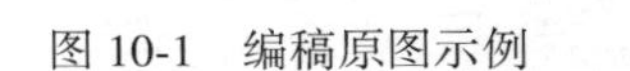
图 10-1　编稿原图示例

10.3　空间数据库建库基本操作

空间数据库建库操作包括以下几个基本步骤：（1）进入空间数据库建库环境，生成标准属性结构的要素类和对象类文件；（2）从编稿原图的相关文件中提取信息到基本要素类，并编辑完善要素类属性；（3）根据地质图特点，建立相关综合要素类，完善属性信息；（4）从要素类提取信息到对象类，并完善对象类属性；（5）在图件整饰过程中，增加地质代号注释等信息，增加接图表、综合柱状图等独立要素类信息，形成完整的空间数据库。

需要说明的是，在每个环节，都需要利用质量检查工具进行流程控制，保证质量。

地理底图数据部分按 GB/T 13923—2022 执行。

10.3.1　首次进入空间数据库建库环境

在编稿原图环境下，通过切换至“成果数据库”标签或者菜单选择“打开空间数据库”，如图 10-2 所示，则在“...\ DGSDATA \ J49E021001 \ 数字填图”下创建“空间数据库”目录，并将编稿原图的文件复制到空间数据库目录下，同时从系统原型库中复制标准的空间数据库文件和属性结构到空间数据库目录下。

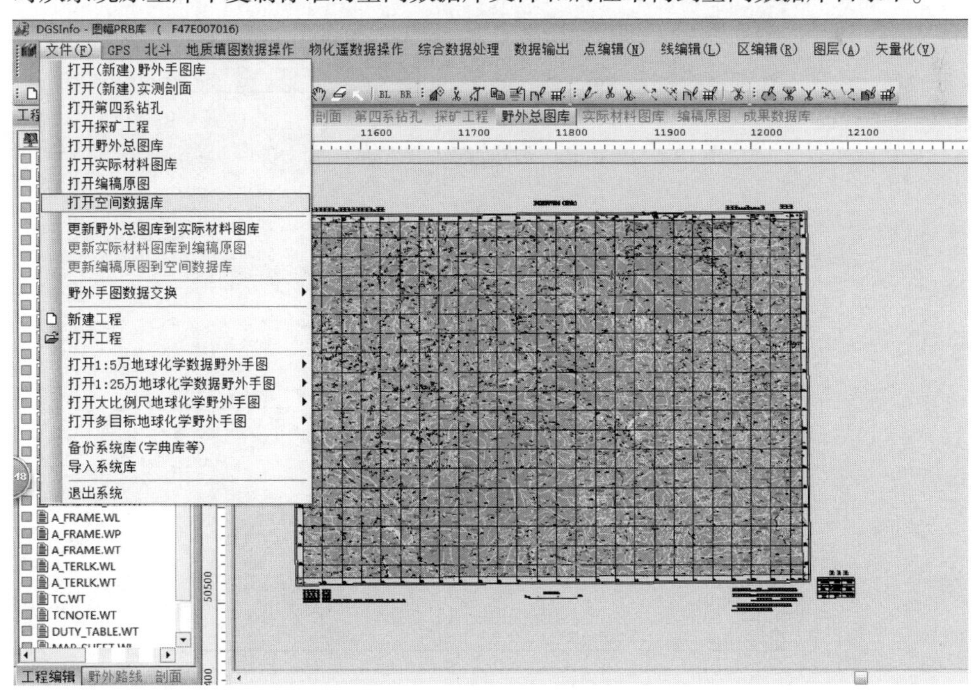

图 10-2　打开空间数据库

除标注图层和必要的地理图层外，将不带下划线的控制图框内点、线、面的要素类文件删除，并采用人机互动的方式再次对图面拓扑一致性、地质要素表达及图面结构等进行检查，使其完全达到地质图整饰及空间数据库建库要求。操作过程提示的信息如图 10-3~图 10-7 所示。

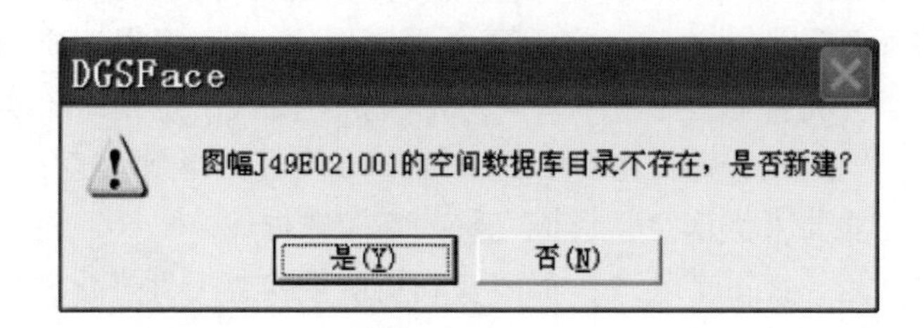

图 10-3　提示是否新建空间数据库目录

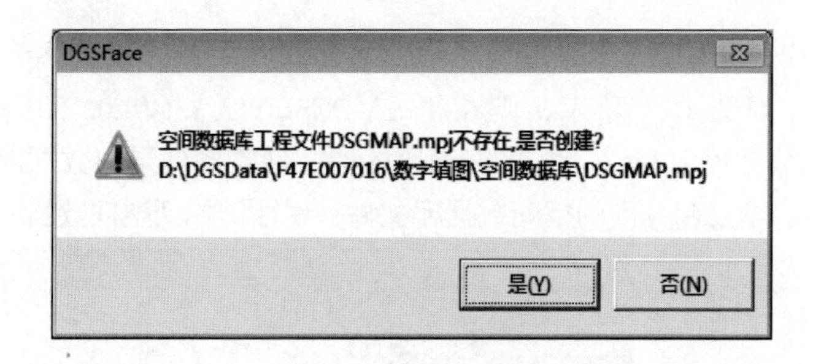

图 10-4　提示是否创建管理要素类的工程文件

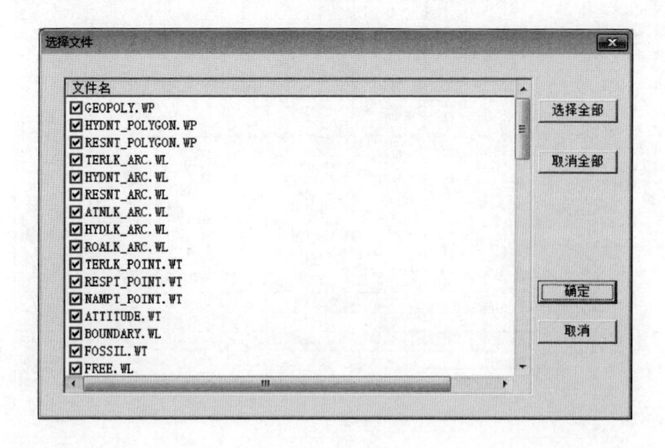

图 10-5　复制编稿原图的相关文件

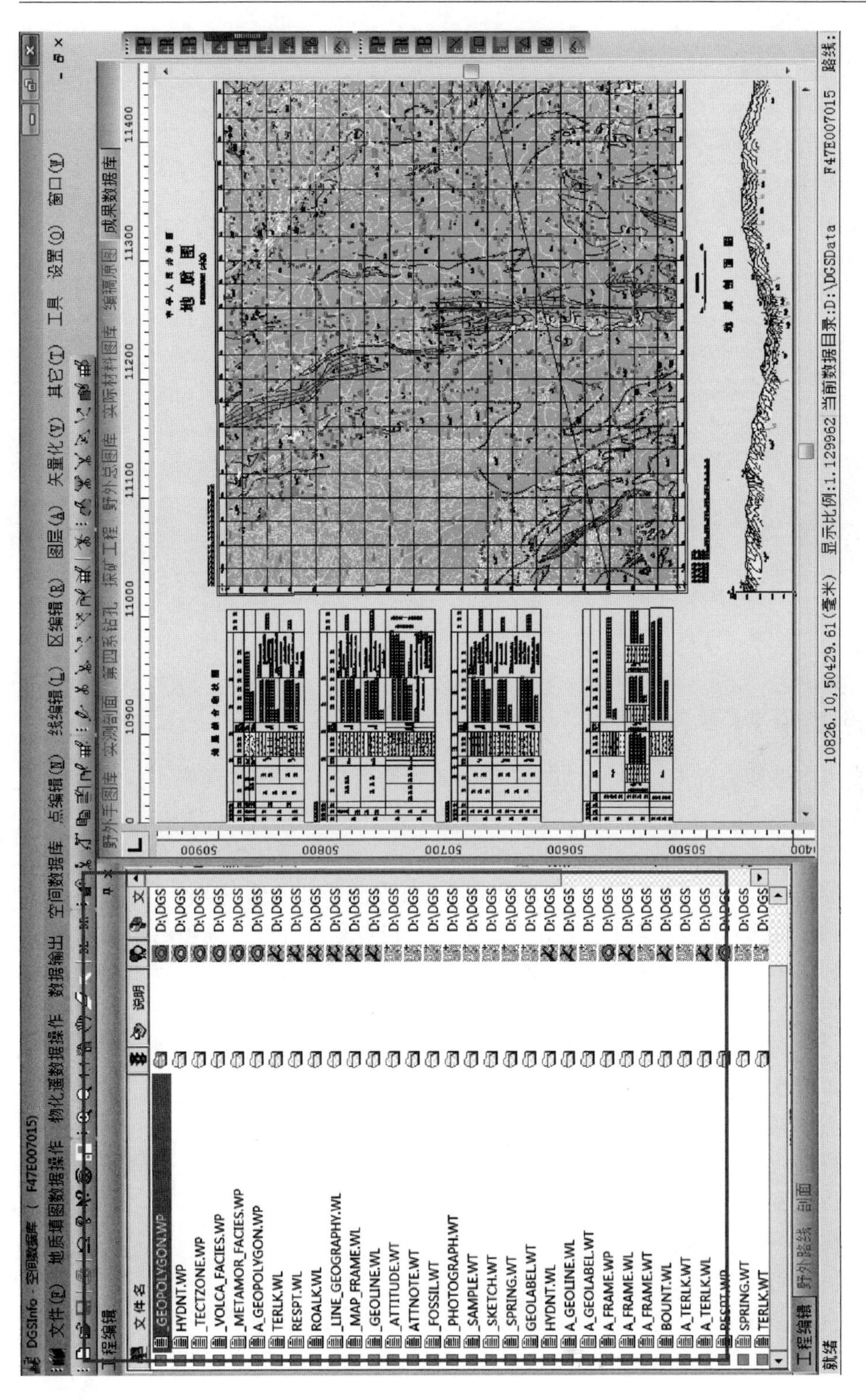

图 10-6　进入空间数据库环境

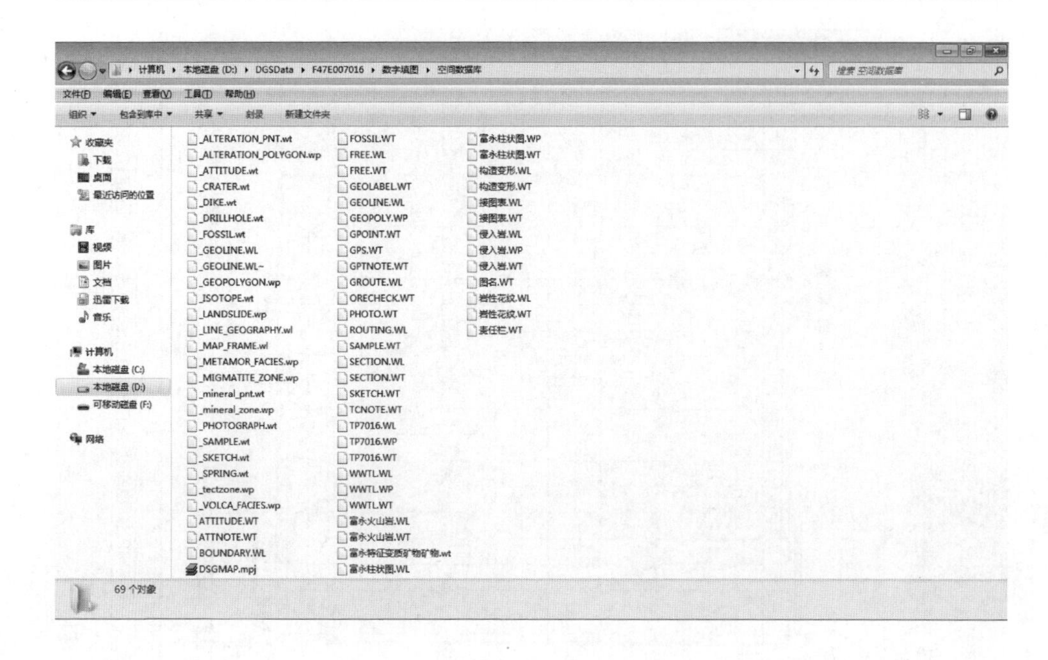

图 10-7　空间数据文件所在物理文件夹

10.3.2　基本要素类

基本要素类有 15 个，由于每个图幅地质特点不同，一个图幅不一定包含所有基本要素类。

(1) 地质体面实体 (_GEOPOLYGON. WP)：除地质体之外还包含戈壁、沙漠、冰川与终年积雪、面状水体与沼泽等参加空间拓扑的地理实体；

(2) 地质 (界) 线 (_GEOLINE. WL)：包含地层界线、完整的断层 (遥感解译断层中未经地质勘查证实的和隐伏断层放入相关整饰图层)、参加拓扑的水体界线；

(3) 河、湖、海、水库岸线 (_LINE_GEOGRAPHY. WL)：包含地形图中所有的单线水体界线；

(4) 脉岩 (点) (_DIKE. WT)；

(5) 蚀变 (点) (_ALTERATION_PNT. WT)；

(6) 矿产地 (点) (_MINERAL_PNT. WT)；

(7) 产状 (_ATTITUDE. WT)；

(8) 样品 (_SAMPLE. WT)；

(9) 摄像 (照片) (_PHOTOGRAPH. WT)；

(10) 素描 (_SKETCH. WT)；

(11) 化石 (_FOSSIL. WT);

(12) 同位素测年 (_ISOTOPE. WT);

(13) 火山口 (_CRATER. WT);

(14) 钻孔 (_DRILLHOLE. WT);

(15) 泉 (_SPRING. WT)。

10. 3. 2. 1　基本要素类信息的继承

基本要素类可以通过继承方式从编稿原图的点线区文件中提取信息。基本要素类继承过程主要有如下三种方式。

(1) 自动合并编稿原图到空间数据库基本要素类。自动从编稿原图中继承空间和属性信息，包括_Geopolygon、_GeoLine、_Sample、_Fossil、_Attitude、_Sketch、_Photograph、_DrillHole，如图 10-8 所示，图中箭头左侧为编稿原图内容，右侧为自动继承的要素类。

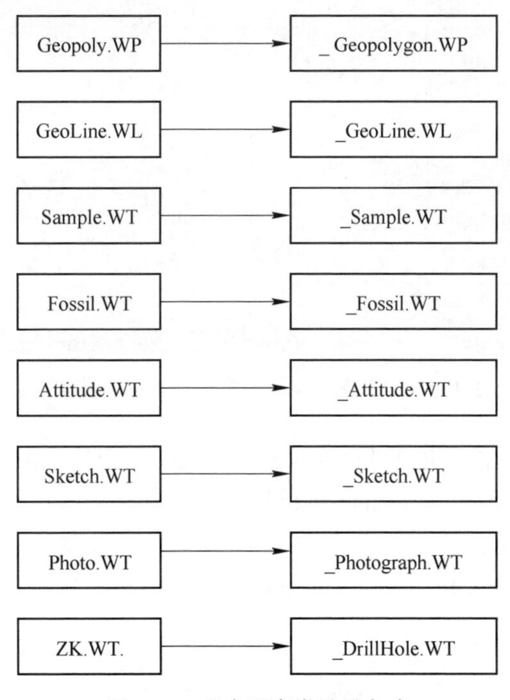

图 10-8　基本要素类继承方式

可以一次批量继承，如图 10-9 所示，也可以单个要素类分别继承，如图 10-10 所示。说明：允许选择批注字段优先，如果选择该菜单，系统继承过程优先考虑批注字段，如果不存在批注字段，则继承原注字段。

具体的操作步骤见图 10-8 和图 10-10 中的菜单。

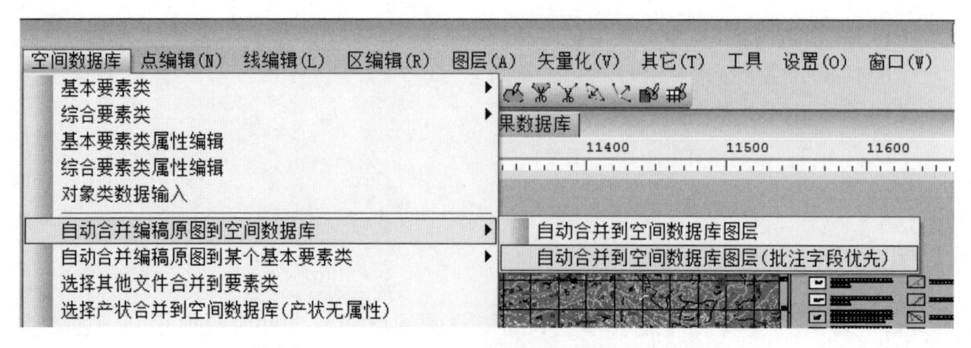

图 10-9　自动合并编稿原图到所有要素相关菜单

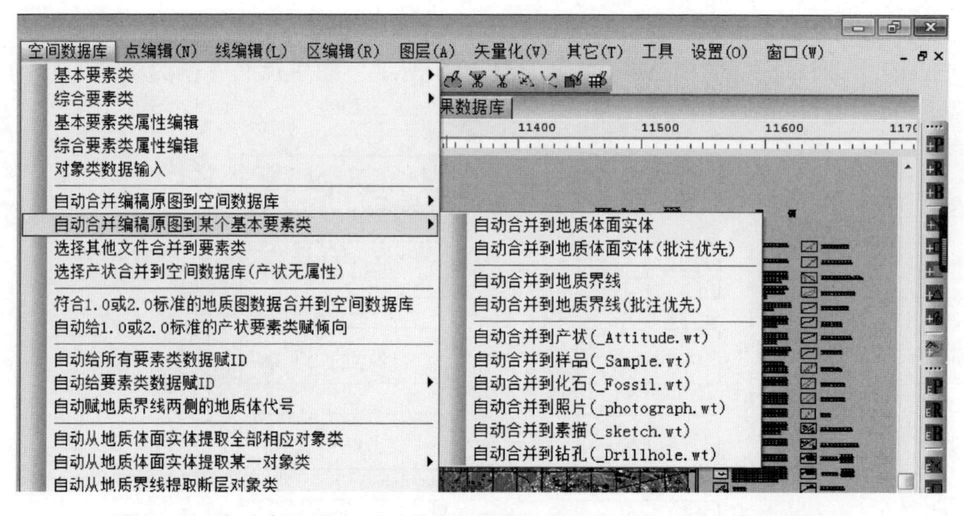

图 10-10　自动合并编稿原图到单个要素类相关菜单基本要素类继承方式

（2）选择其他文件合并到基本要素类。_Isotope 可以从 Sample. WT 中提取部分合并继承，_Mineral_Pnt 和_Alteration_Pnt 可以从 OreCheck. WT 和 OreCheckResult. WT 中提取部分合并继承，_Crater、_Dike 可以从 GeoLabel. WT 中部分合并继承，如图 10-11 所示。_Spring 和_Line_Geography. WL（指单线水体）要素直接从地理底图中拷贝。

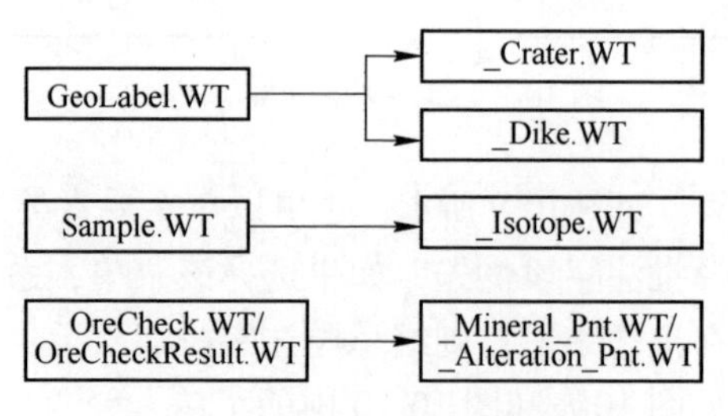

图 10-11　部分要素类的继承方式

选择菜单“选择其他文件合并到要素类”，如图 10-12 所示。

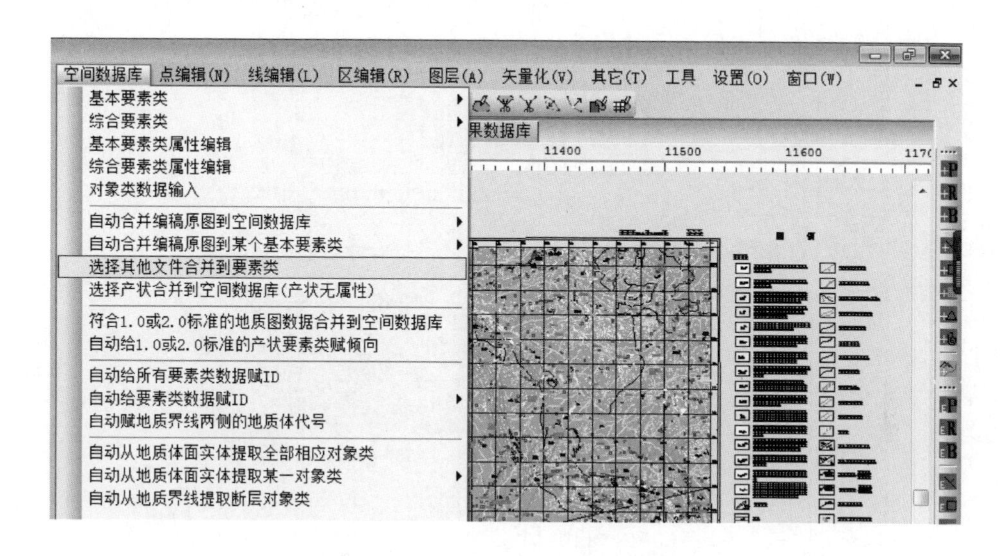

图 10-12　选择其他文件合并到要素类菜单

选择需要合并的文件，并选择属性结构的对应关系，系统将按照对应关系进行继承，如图 10-13 所示。

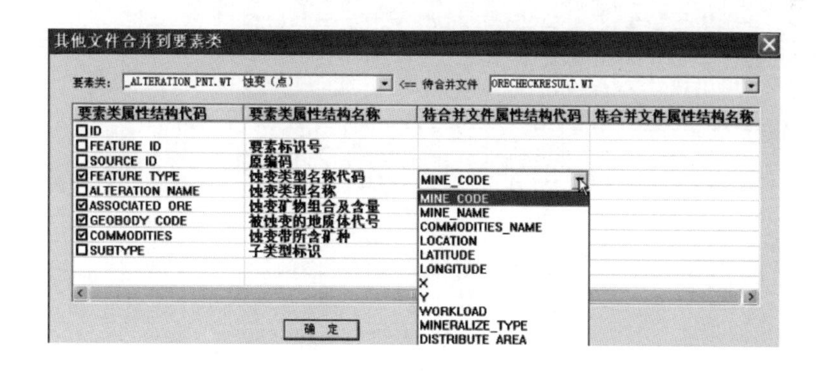

图 10-13　选择属性结果对应方式

注意，以上操作需要保证相关点线面文件都在工程列表中。

数据合并到空间数据库后，可以采用人机互动的方式对图面拓扑一致性、地质要素表达及图面结构等进行检查。

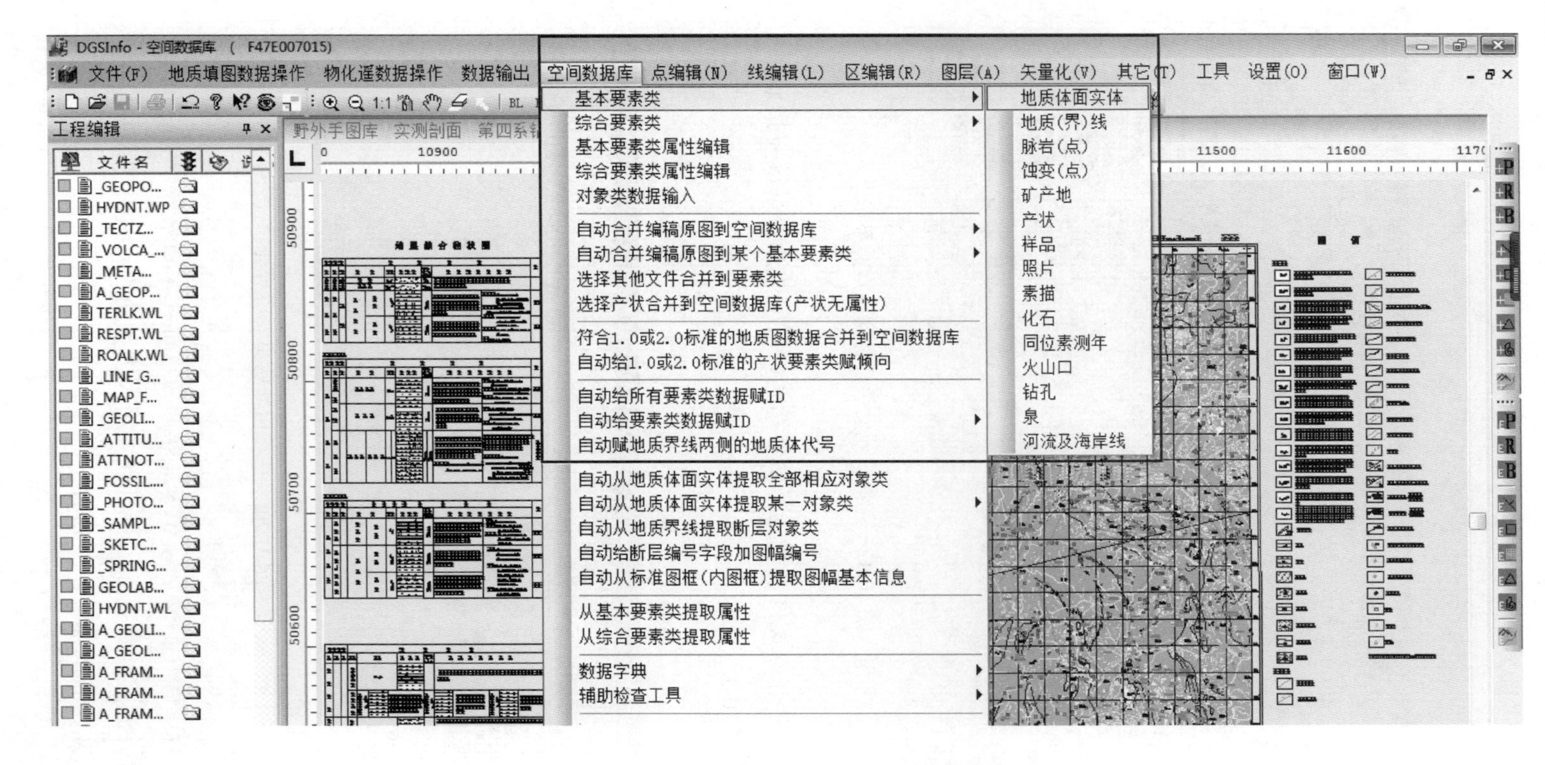

图 10-14　地质体面实体属性录入菜单

10.3.2.2　基本要素类属性的补充完善

地质填图单位代号和地质年代代号中上、下标及复合上、下标的表示正确用法为：上标用＄表示，下标用@表示，只对紧跟其后的字母有效；上标的上标用＄＄表示，上标的下标用＄@表示。

属性录入方式有如下 3 种：

（1）单个要素类实体属性录入。例如：选择菜单“空间数据库”→“基本要素类”→“地质体面实体”，点击选择需要修改的要素弹出属性对话框，在对话框中修改属性，如图 10-14 和图 10-15 所示。

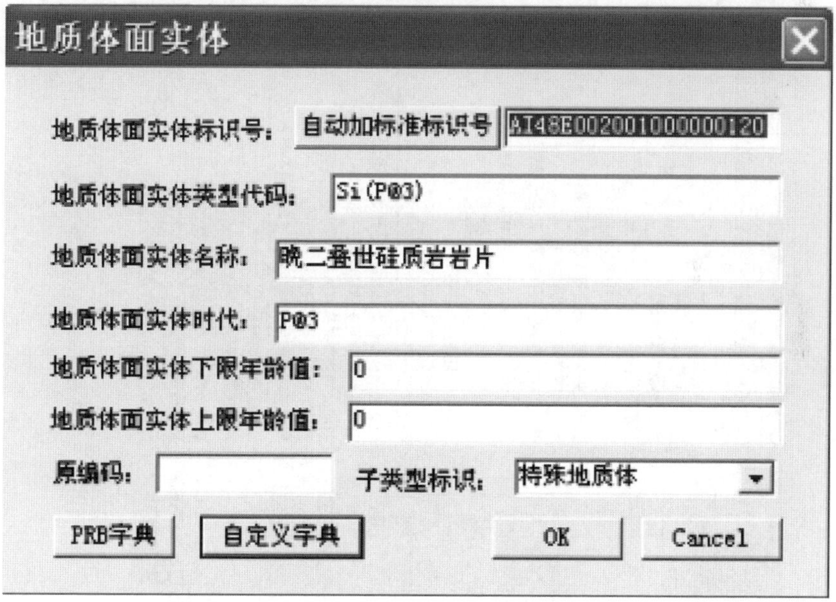

图 10-15　地质体面实际属性录入对话框

（2）基本要素类全局管理。选择菜单“空间数据库”→“基本要素类属性编辑”，弹出全局管理对话框，如图 10-16 和图 10-17 所示，双击某条记录或者选中某条记录点击“编辑”按钮，即可对该要素类实体进行编辑。

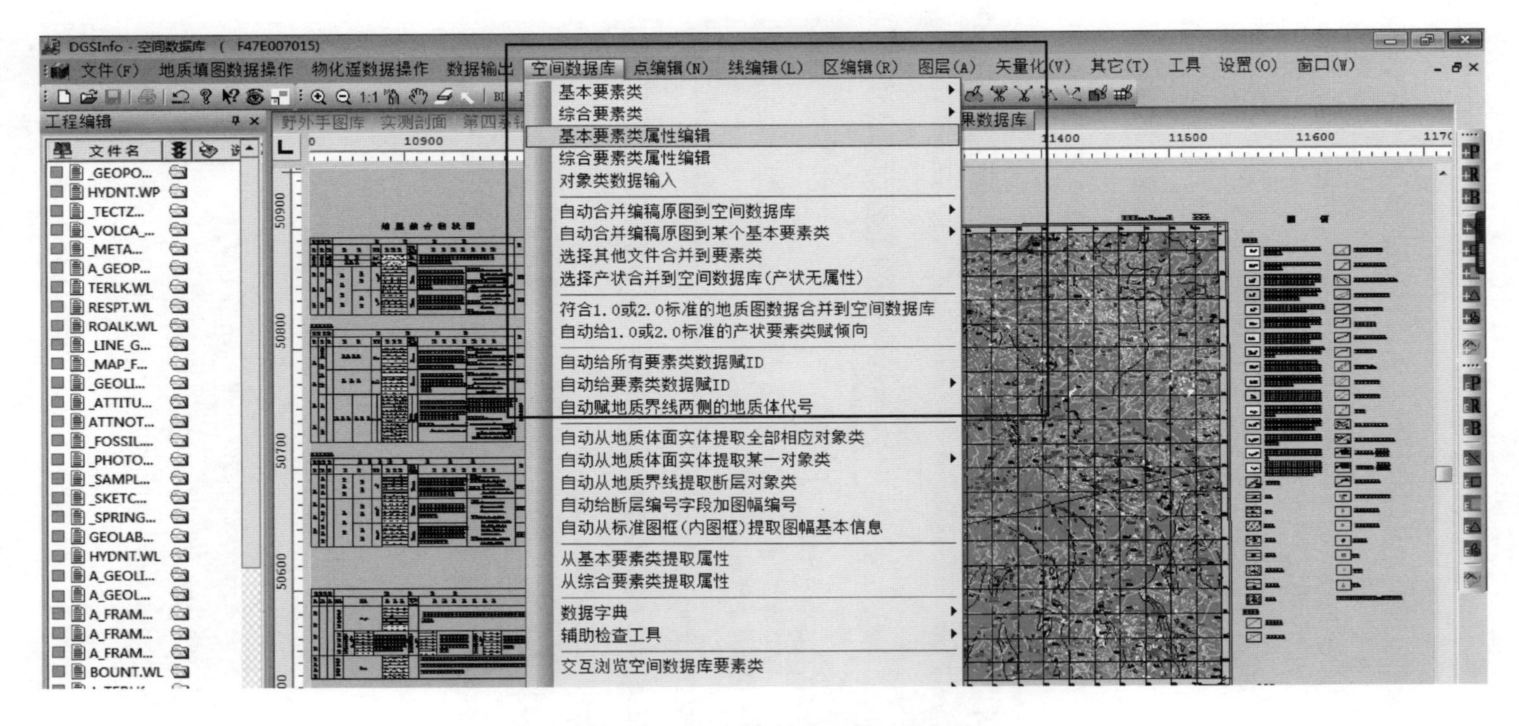

图 10-16　基本要素类属性编辑菜单

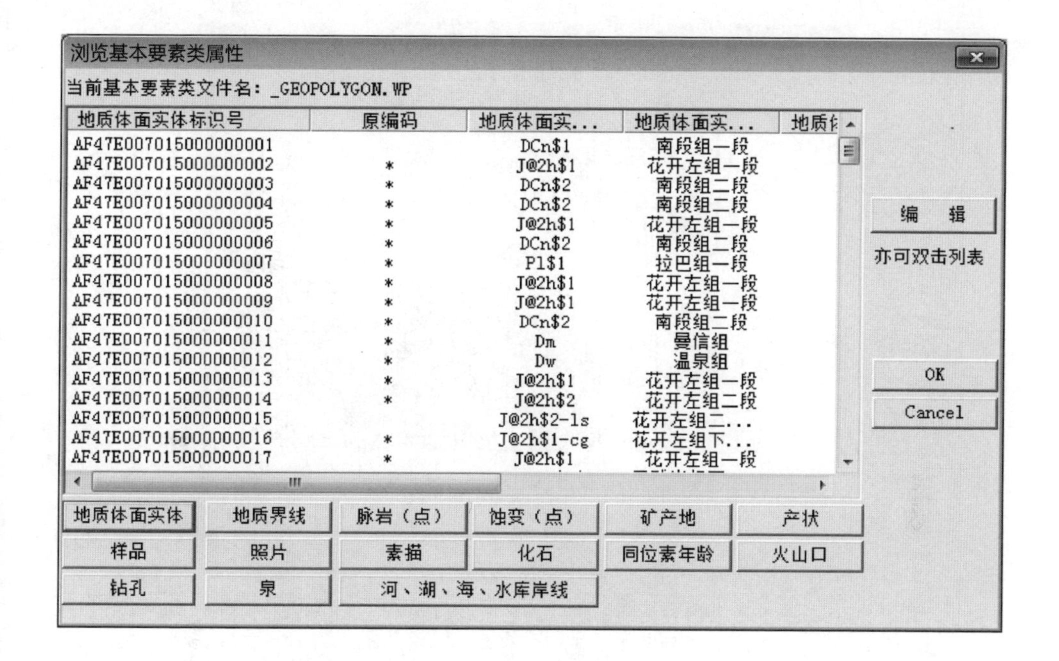

图 10-17　基本要素属性编辑对话框

（3）通过根据参数赋属性的方式统改属性。比如，地质体面实体 Qp@ 3m，颜色号为 603，选择菜单“区编辑”→“根据参数赋属性”，如图 10-18 所示，弹出对话框，如图 10-19 所示。

（4）属性的导出导入。可将图层属性导出到 Excel，在 Excel 下修改保存后，重新导入到图层中，编辑某个要素类图层，选择菜单“工具”→“图层属性导出 Excel”，如图 10-20 所示。

修改 Excel 中的数据，如图 10-21 所示：选择菜单“工具”→“Excel 数据导入图层”，选择相应的 Excel 文件，设置相关参数（关键字段所在列一般为 Feature_ID 所在列），点击“导入”即可，如图 10-22 和图 10-23 所示。

各要素类录入的注意事项如下。

A　地质体面实体属性录入

地质体面实体属性录入正确是对象类提取和地质界线左右地质体赋值的关键；大部分属性直接从编稿原图中继承，部分属性需手动录入，如图 10-24 所示。

在批量修改属性时，按表 10-1 所列正确数字填写子类型码，是地质体面实体正确进行分类并继承到对象类中的依据。

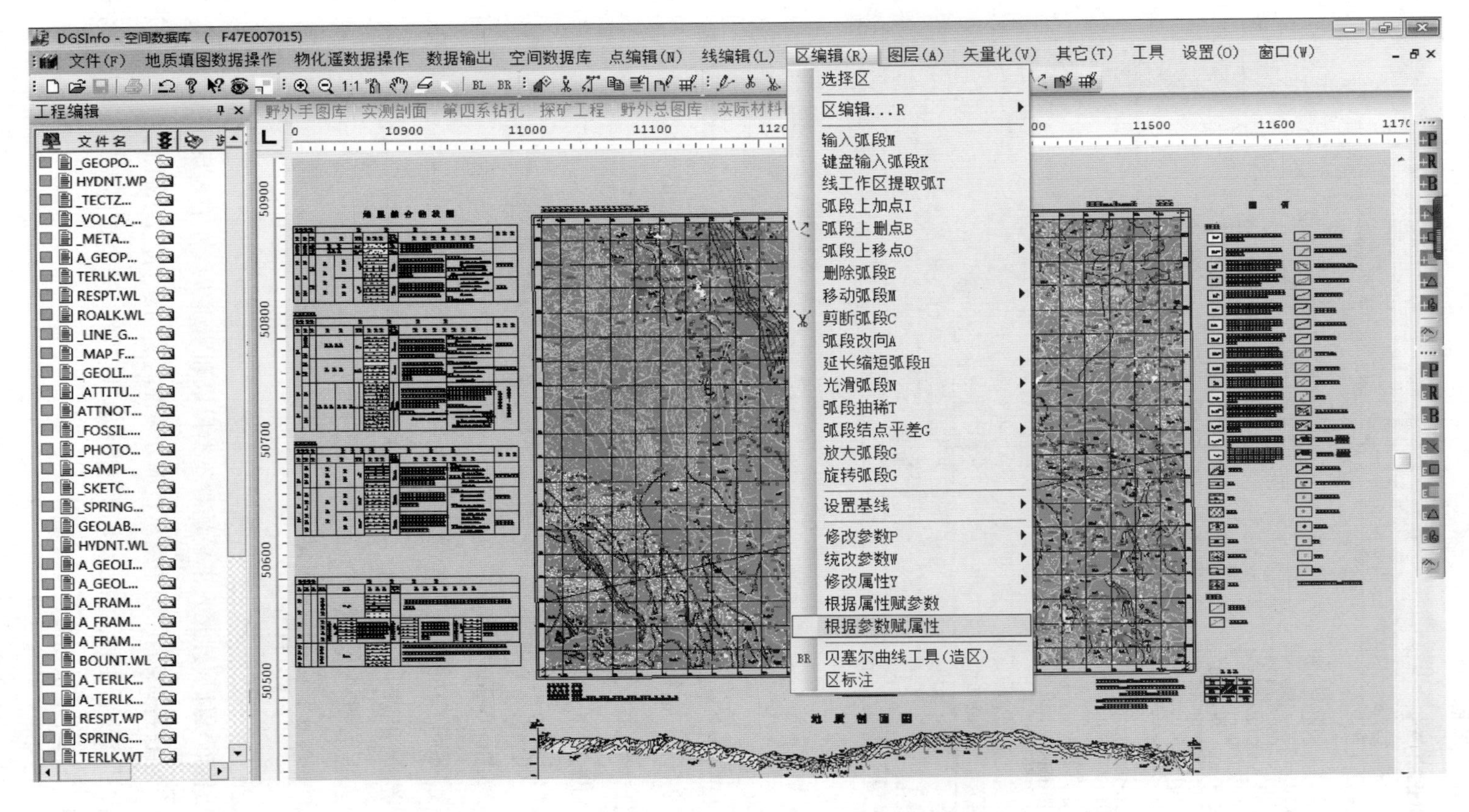

图 10-18　根据参数赋属性菜单

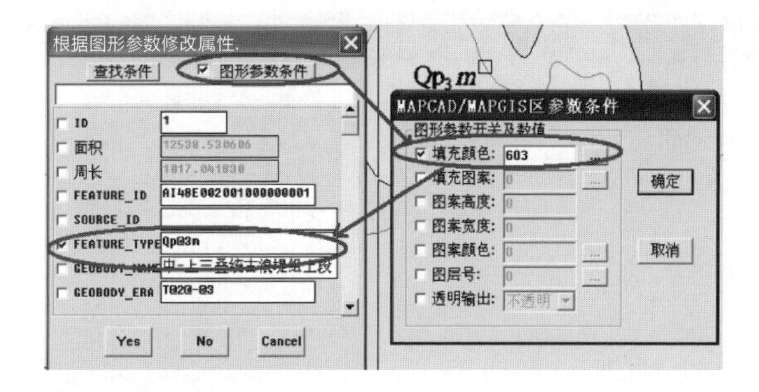

图 10-19　根据参数赋属性对话框

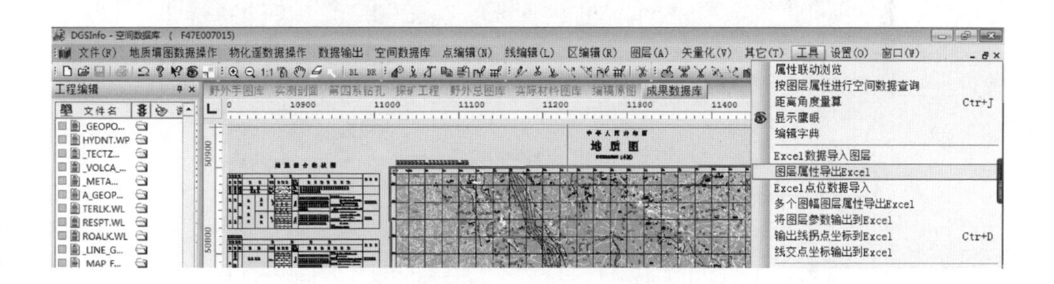

图 10-20　图层属性导出 Excel 菜单

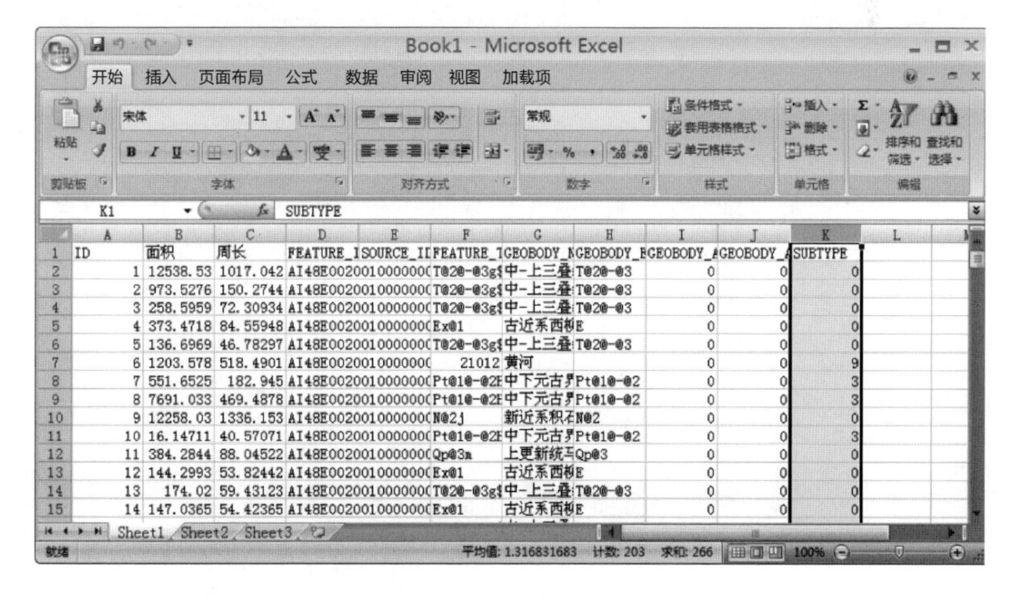

	A	B	C	D	E	F	G	H	I	J	K
1	ID	面积	周长	FEATURE_I	SOURCE_II	FEATURE_T	GEOBODY_N	GEOBODY_E	GEOBODY_	GEOBODY_	SUBTYPE
2	1	12538.53	1017.042	AI48E0020010000000		T@2@-@3g	中-上三叠	T@2@-@3	0	0	0
3	2	973.5276	150.2744	AI48E0020010000000		T@2@-@3g	中-上三叠	T@2@-@3	0	0	0
4	3	258.5959	72.30934	AI48E0020010000000		T@2@-@3g	中-上三叠	T@2@-@3	0	0	0
5	4	373.4718	84.55948	AI48E0020010000000		Ex@1	古近系西柳	E	0	0	0
6	5	136.6969	46.78297	AI48E0020010000000		T@2@-@3g	中-上三叠	T@2@-@3	0	0	0
7	6	1203.578	518.4901	AI48E0020010000000		21012	黄河		0	0	9
8	7	551.6525	182.945	AI48E0020010000000		Pt@1@-@2	中下元古界	Pt@1@-@2	0	0	3
9	8	7691.033	469.4878	AI48E0020010000000		Pt@1@-@2	中下元古界	Pt@1@-@2	0	0	3
10	9	12258.03	1336.153	AI48E0020010000000		N@2j	新近系积石	N@2	0	0	0
11	10	16.14711	40.57071	AI48E0020010000000		Pt@1@-@2	中下元古界	Pt@1@-@2	0	0	3
12	11	384.2844	88.04522	AI48E0020010000000		Qp@3m	上更新统马	Qp@3	0	0	0
13	12	144.2993	53.82442	AI48E0020010000000		Ex@1	古近系西柳	E	0	0	0
14	13	174.02	59.43123	AI48E0020010000000		T@2@-@3g	中-上三叠	T@2@-@3	0	0	0
15	14	147.0365	54.42365	AI48E0020010000000		Ex@1	古近系西柳	E	0	0	0

图 10-21　图层属性导出到 Excel 后信息整理

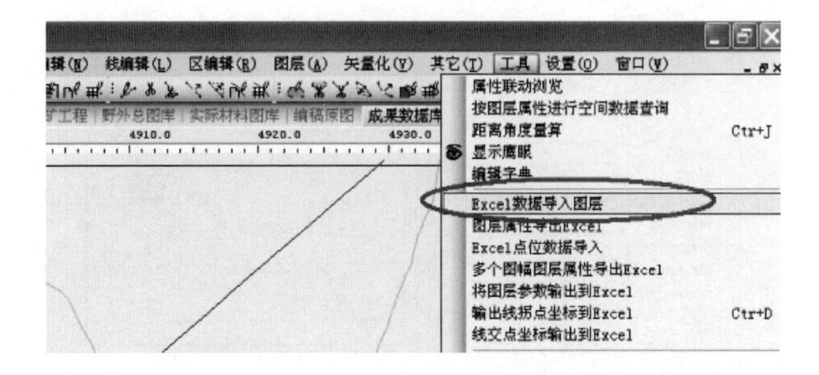

图 10-22　Excel 数据导入图层菜单

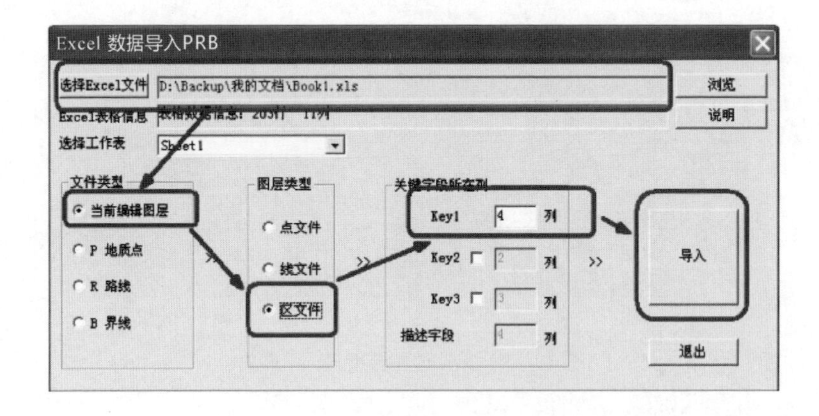

图 10-23　Excel 数据导入图层对话框

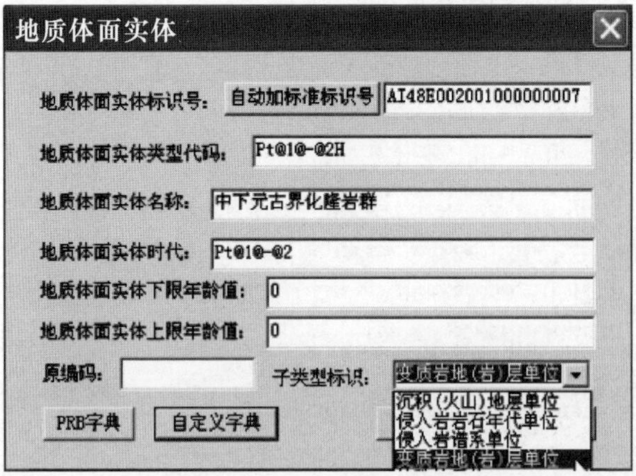

地质体面实体

地质体面实体标识号：自动加标准标识号　AI48E002001000000007

地质体面实体类型代码：Pt@1@-@2H

地质体面实体名称：中下元古界化隆岩群

地质体面实体时代：Pt@1@-@2

地质体面实体下限年龄值：0

地质体面实体上限年龄值：0

原编码：　　子类型标识：变质岩地(岩)层单位

沉积(火山)地层单位
侵入岩岩石年代单位
侵入岩谱系单位
变质岩地(岩)层单位

PRB字典　自定义字典

图 10-24　地质体面实体子类型选择

表 10-1　地质体面实体子类型码

沉积（火山）地层单位	0	非正式地层单位	5
侵入岩岩石年代地层单位	1	脉　岩	6
侵入岩谱系单位	2	戈壁沙漠	7
变质岩地（岩）层单位	3	冰川与终年积雪	8
特殊地质体	4	面状水域与沼泽	9

注：次（潜）火山岩的子类型为 0，蛇绿岩岩片、硅质岩夹层、已形成新地质体的构造变形带等的子类型为 4，标志层和透镜体的子类型为 5。

表 10-1 中的非正式地层单位可理解为岩性标志层和透镜体，将正式地层单位根据岩石组合特征进一步划分为非正式的组级或段级的地层单位，按目前地质图空间数据库的表述，归为沉积岩火山地层单位或变质岩地（岩）层单位。

参与拓扑的水体的面实体代码填写参考 GB/T 13923—2022 中所列代码，面实体名称填写代码对应的中文名称，有具体地理名称的填写具体地理名称，如新安江。表 10-2～表 10-5 为水体及其他类的代码。

表 10-2　面状水域与沼泽常用代码

21010	常年河	22030	一般渠道
21011	单线河	22050	干沟
21012	双线河左岸	23010	常年湖
21013	双线河右岸	23011	淡水湖
21020	时令河	23012	咸水湖
21021	单线时令河	23013	苦水湖
21022	双线时令河左岸	23020	时令湖
21023	双线时令河右岸	23021	淡水湖
21030	消失河段	23022	咸水湖
21031	单线消失河段	23023	苦水湖
21032	双线消失河段左岸	24010	水库
21033	双线消失河段右岸	24040	主要堤
21040	地下河段	24050	一般堤
22010	运河	24080	拦水坝
22020	主要渠道	24150	池塘

表 10-3　冰川与积雪常用代码

73010	粒雪原	73024	平顶（冰帽）冰川
73011	雪崩锥	73030	冰裂隙
73020	冰川	73040	冰陡崖
73021	冰斗冰川	73050	冰碛
73022	悬冰川	73060	冰塔
73023	山谷冰川	73070	冰斗湖（冰碛湖）

表 10-4　戈壁与沙漠常用代码

77010	风蚀残丘地	77090	复合型沙丘链
77020	平沙地	77100	灌丛沙堆（多小丘沙地）
77030	新月形沙丘、沙丘链	77110	沙垄（线状沙丘）
77040	抛物线线沙丘	77120	复合型沙垄（鱼鳞状沙丘）
77050	垄状沙丘	77130	梁窝状沙丘
77060	蜂窝状沙丘	77140	穹状沙丘
77070	格状沙丘	77150	砂砾地、戈壁滩（沙砾质戈壁）
77080	金字塔形沙丘（星状沙丘）	77160	石块地、石质戈壁

表 10-5　泉类型代码

10	上升泉	23	悬挂泉
11	下降泉	24	断层泉
12	喷泉	30	海底泉
20	侵蚀泉	31	水下泉
21	接触泉	40	岩溶泉
22	溢出泉	41	裂隙泉

续表 10-5

50	多潮泉	61	部分排泄型泉
51	间歇泉	62	虹吸泉
52	季节泉	70	单泉
53	长年泉	71	泉群
60	全排泄型泉		

B　地质界线属性录入

地质界线包括地质界线、参加拓扑的水体界线、完整的断层（隐伏断层和遥感解译断层中未经实地勘查证实的作为整饰线）。

填写地质界线的属性时，地质界线（接触）代码数据项填写成图单位代码，当界线为断层时，填写断层的编号（如 F5），而且每条断层的编号唯一，均以“F”开始，否则不能提取断层对象类。

地质报告等原始资料中没有具体描述的断层，其走向和倾向要从地质图上读取，用方位表示，不填写“ * ”，具有环行特征的断层除外。

同一条断层在不同时期断层性质发生改变时，各种性质均要填写，如“正断层，冲断层”。

地质界线的左右地质体中若包含水体（指面状水体），要填水体代码。可以自动赋地质界线两侧的质体代号，选择菜单“空间数据库”→“自动赋地质界线两侧的地质体代号”，如图 10-25 所示。

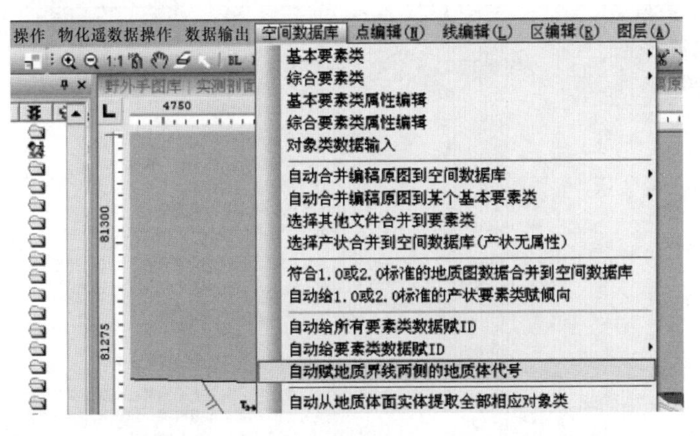

图 10-25　自动赋地质界线两侧的地质体代号菜单

必须正确填写子类型代码，地质界线要素类的子类型如表 10-6 和图 10-26 所示。

表 10-6　地质界线子类型码

地质界线	0	岩相界线	3
断层	1	水体界线	4
岩性界线	2	雪线	5

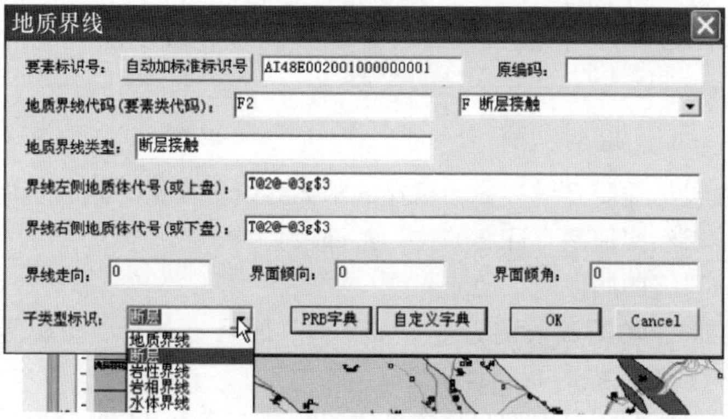

图 10-26　地质界线子类型选择

如果有不带属性的界线，不能合并到_GEOLINE. WL 文件中参加拓扑，就单独建立整饰图层文件。

为了保证多幅集成整合时断层号不发生冲突，可以给每一幅的断层编号加图幅号，如图 10-27 所示。

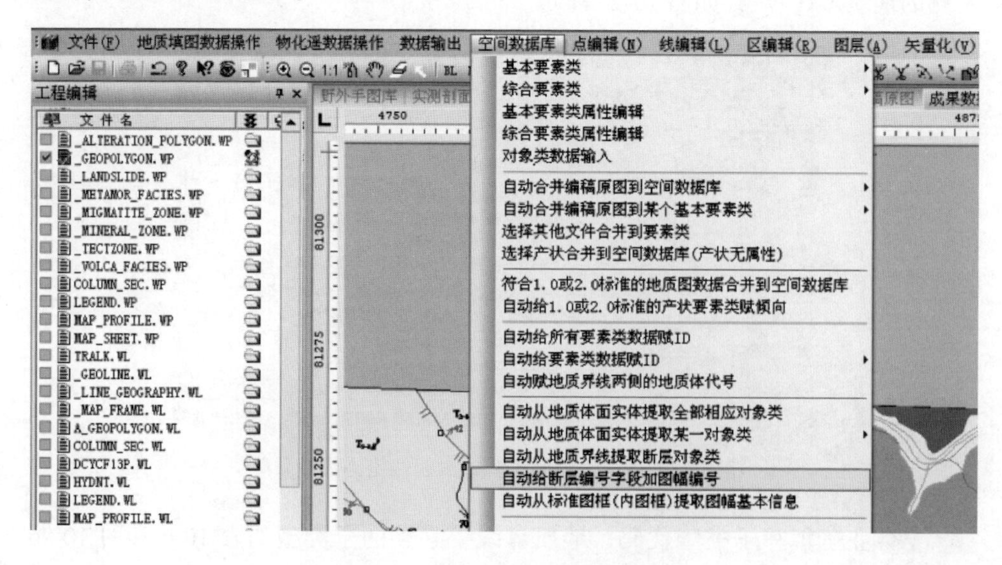

图 10-27　给断层编号加图幅菜单

C　其他基本要素类属性录入

其他基本要素类属性录入不填写子类型。

基本要素类属性录入完毕后，要用辅助检查工具进行检查要素类的属性和图形参数，目前可供使用的有地质体面实体的属性与参数一致性检查、地质界线的属性与参数一致性检查和产状类型名称与符号的一致性检查等。选择菜单“空间数据库”→“辅助检查工具”，如图 10-28 所示。

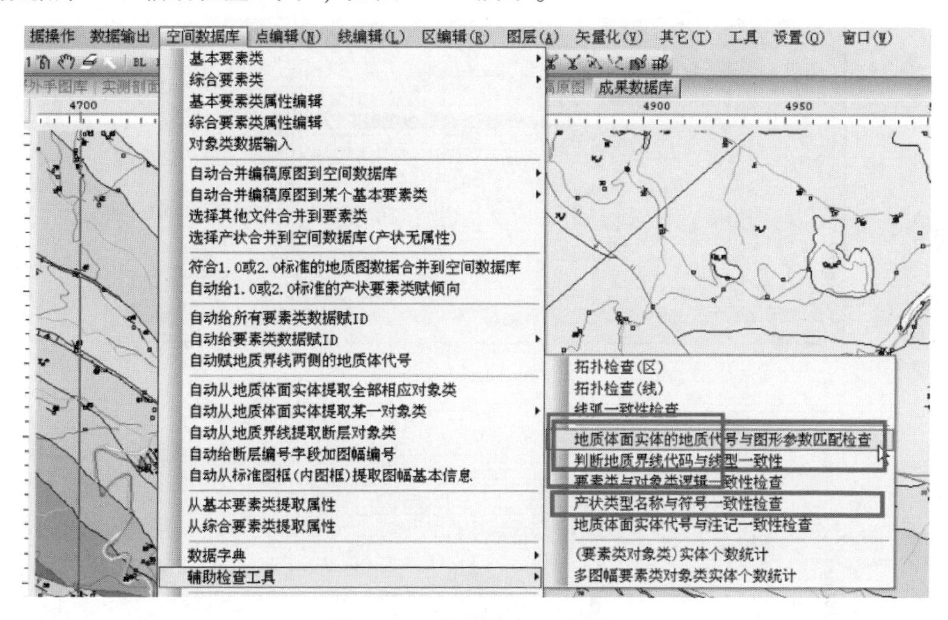

图 10-28　辅助检查工具菜单

(1) 地质体面实体的属性和参数一致性检查出现的问题，可通过修改地质代号或地质体参数对问题进行修改，如图 10-29 所示。

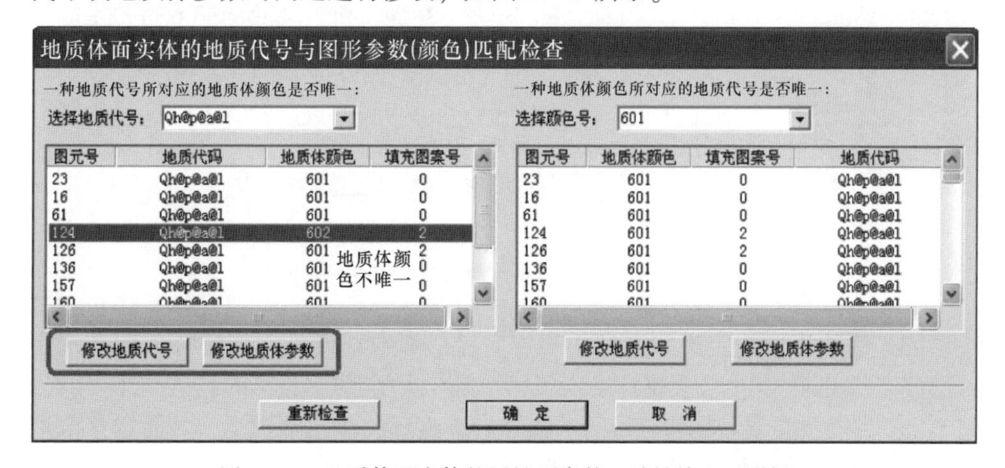

图元号	地质代码	地质体颜色	填充图案号
23	Qh@p@a@l	601	0
16	Qh@p@a@l	601	0
61	Qh@p@a@l	601	0
124	Qh@p@a@l	602	2
126	Qh@p@a@l	601	2
136	Qh@p@a@l	601	0
157	Qh@p@a@l	601	0

图元号	地质体颜色	填充图案号	地质代码
23	601	0	Qh@p@a@l
16	601	0	Qh@p@a@l
61	601	0	Qh@p@a@l
124	601	2	Qh@p@a@l
126	601	2	Qh@p@a@l
136	601	0	Qh@p@a@l
157	601	0	Qh@p@a@l

图 10-29　地质体面实体的属性和参数一致性检查对话框

（2）地质界线参数必须与系统库中约定地质界线类型相匹配；如果有关标准规定了部分特殊的界线线形及参数，而系统库中未设置该界线类型，出现的错误允许存在，属正常错误。图 10-30 为地质界线的属性与参数一致性检查出现的非正常错误，可通过修改线参数或修改属性对错误问题进行修改。可以查看标准库，如图 10-31 所示。

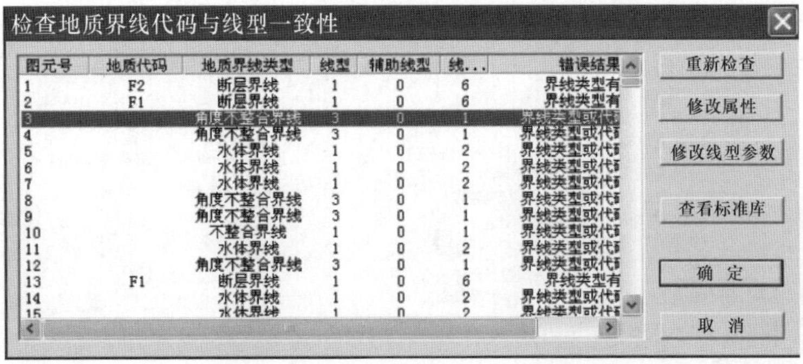

检查地质界线代码与线型一致性

图元号	地质代码	地质界线类型	线型	辅助线型	线...	错误结果
1	F2	断层界线	1	0	6	界线类型有
2	F1	断层界线	1	0	6	界线类型有
3		角度不整合界线	3	0	1	界线类型或代
4		角度不整合界线	3	0	1	界线类型或代
5		水体界线	1	0	2	界线类型或代
6		水体界线	1	0	2	界线类型或代
7		水体界线	1	0	2	界线类型或代
8		角度不整合界线	3	0	1	界线类型或代
9		角度不整合界线	3	0	1	界线类型或代
10		不整合界线	1	0	1	界线类型或代
11		水体界线	1	0	2	界线类型或代
12		角度不整合界线	3	0	1	界线类型或代
13	F1	断层界线	1	0	6	界线类型有
14		水体界线	1	0	2	界线类型或代
15		水体界线	1	0	2	界线类型或代

重新检查　修改属性　修改线型参数　查看标准库　确　定　取　消

图 10-30　地质界线的属性与参数一致性检查对话框

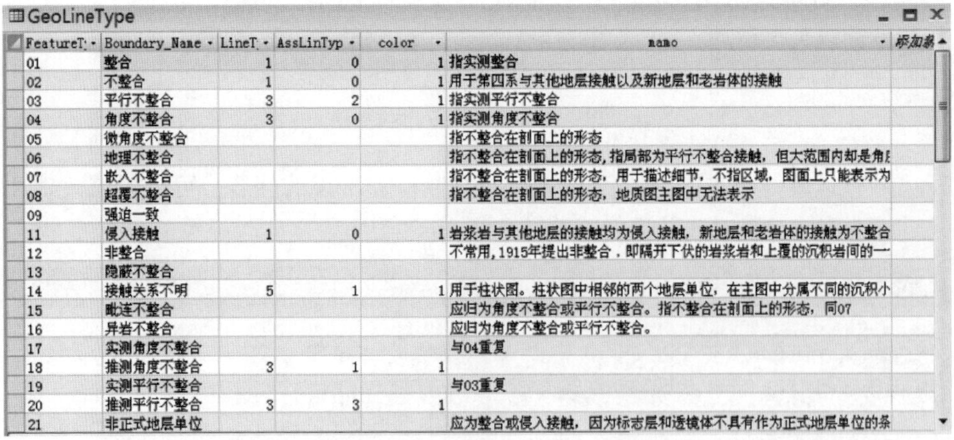

GeoLineType

FeatureT	Boundary_Name	LineT	AssLinTyp	color	mamo	添加新
01	整合	1	0	1	指实测整合	
02	不整合	1	0	1	用于第四系与其他地层接触以及新地层和老岩体的接触	
03	平行不整合	3	2	1	指实测平行不整合	
04	角度不整合	3	0	1	指实测角度不整合	
05	微角度不整合				指不整合在剖面上的形态	
06	地理不整合				指不整合在剖面上的形态，指局部为平行不整合接触，但大范围内却是角	
07	嵌入不整合				指不整合在剖面上的形态，用于描述细节，不指区域，图面上只能表示为	
08	超覆不整合				指不整合在剖面上的形态，地质图主图中无法表示	
09	强迫一致					
11	侵入接触	1	0	1	岩浆岩与其他地层的接触均为侵入接触，新地层和老岩体的接触为不整合	
12	非整合				不常用，1915年提出非整合，即隔开下伏的岩浆岩和上覆的沉积岩间的一	
13	隐蔽不整合					
14	接触关系不明	5	1	1	用于柱状图。柱状图中相邻的两个地层单位，在主图中分属不同的沉积小	
15	毗连不整合				应归为角度不整合或平行不整合。指不整合在剖面上的形态，同07	
16	异岩不整合				应归为角度不整合或平行不整合。	
17	实测角度不整合				与04重复	
18	推测角度不整合	3	1	1		
19	实测平行不整合				与03重复	
20	推测平行不整合	3	3	1		
21	非正式地层单位				应为整合或侵入接触，因为标志层和透镜体不具有作为正式地层单位的条	

图 10-31　地质界线的属性与参数一致性检查依据

（3）系统库中约定产状类型必须与对应的参数相匹配；如果有关标准规定了部分产状的符号，而系统库中未设置该产状类型，出现的错误允许存在。图 10-32 为产状类型名称和符号的一致性检查出现的非正常错误，可通过修改产状符号或修改属性对错误问题进行修改。

图 10-32　产状类型名称和符号的一致性检查对话框

通过给要素类数据自动赋要素标识号，对数据进行压缩存盘。可以统一给所有基本要素类赋 ID，也可以对某个要素类赋 ID。综合要素类赋 ID 的处理方式与基本要素类一样，如图 10-33 所示。

10. 3. 3　综合要素类

综合要素类数据集有 8 个：构造变形带（_TECTZONE. WP）、蚀变带（面）（_ALTERATION_POLYGON. WP）、变质相带（_METAMOR_FACIES. WP）、混合岩化带（_MIGMATITE_ZONE. WP）、矿化带（_MINERAL_ZONE. WP）、火山岩相带（_VOLCA_FACIES. WP）、大型滑坡（崩塌）体（_LANDSLIDE. WP）、标准图框（内图框）（_MAP_FRAME. WL）。综合要素类与基本要素类共享空间参照系。除标准图框外，其他七类综合要素类都用多边形区表示，不参与地质图空间拓扑，与地质体面实体为覆盖关系。一幅地质图中不一定包含所有的综合要素类，不同的地质图要根据自身的特点输入。比如对时代较新的火山岩，能够识别出火山岩相的，可以把火山岩相的内容标绘在图上。

下面以构造变形带为例对综合要素类操作流程进行说明。

10. 3. 3. 1　综合要素类面实体空间信息录入

综合要素类除标准图框外，其余均是区文件，故首先必须建相关的区。选择_TECTZONE. WP，处于当前编辑状态，如图 10-34 所示。

在工程文件编辑区点击鼠标右键新建临时线文件（构造变形带 . WL），如图 10-35 所示。

将构造变形带 . wl 处于当前编辑状态，根据地质界线的实际情况，在构造变形带 . wl 中生成临时的边界线。造线的时候使用 Ctrl+右键可直接形成封闭曲线，如图 10-36 所示。

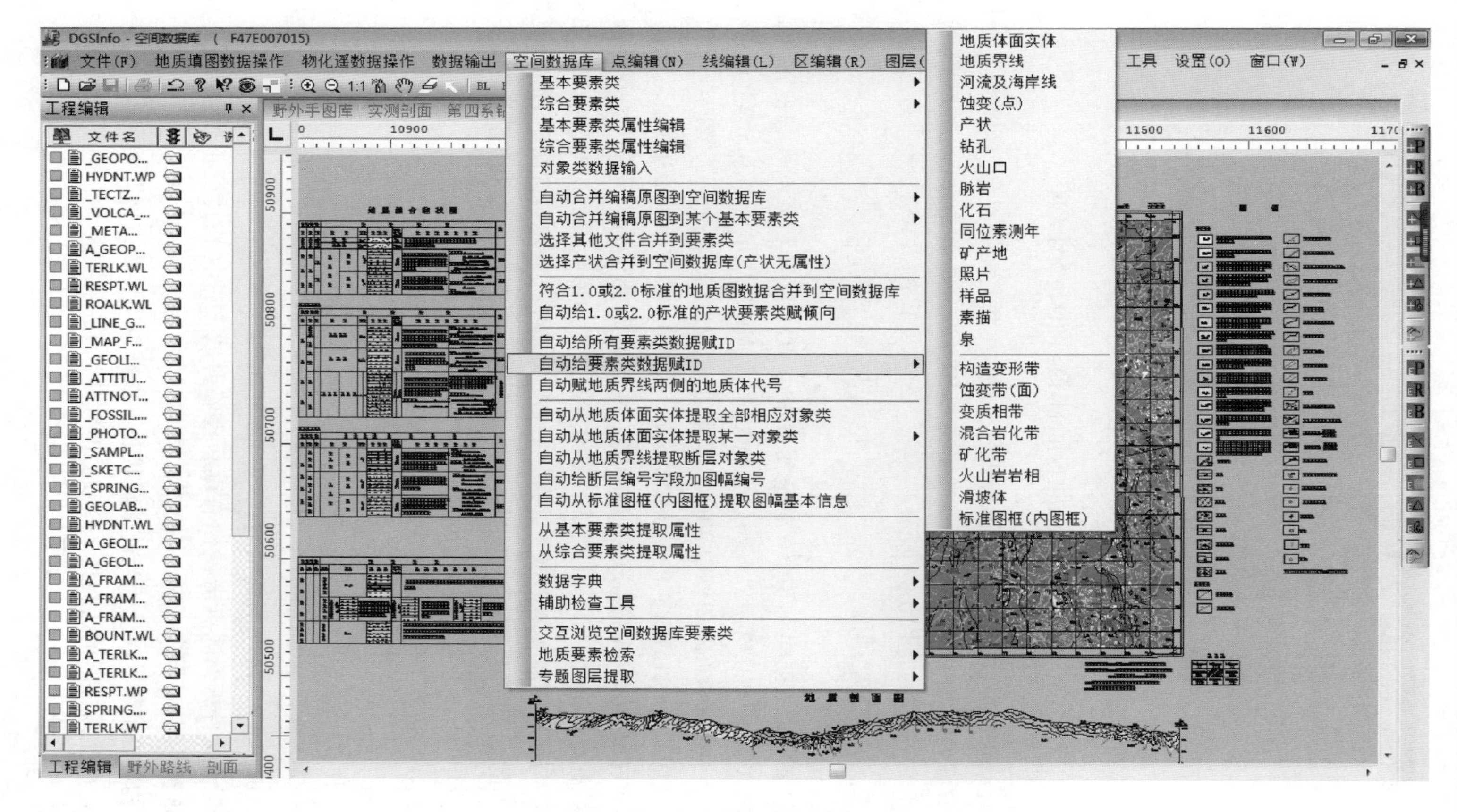

图 10-33　给要素类赋 ID 相关菜单

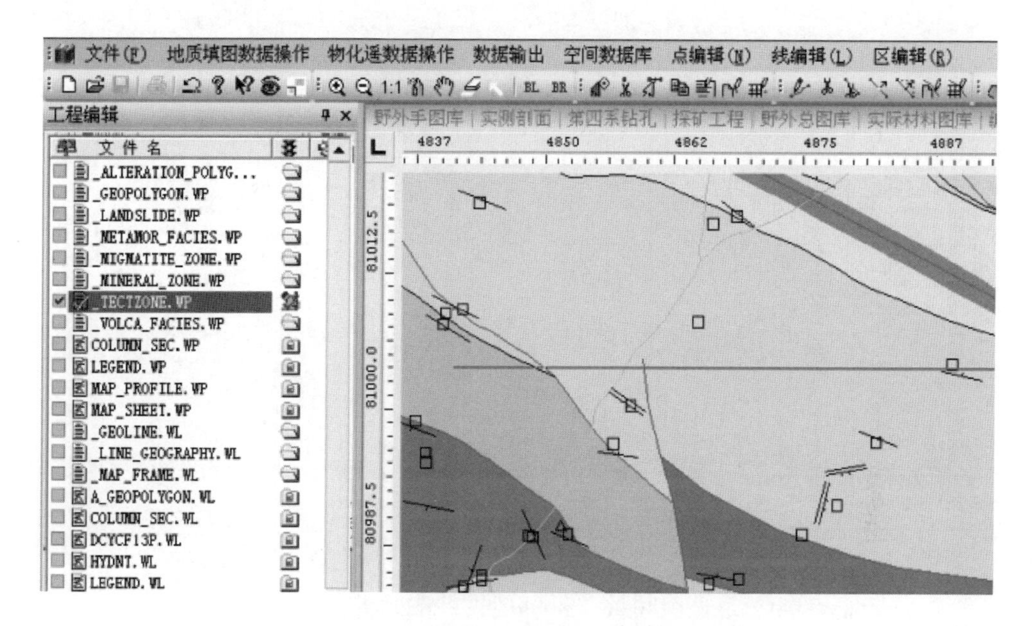

图 10-34　构造变形带文件处于当前编辑状态

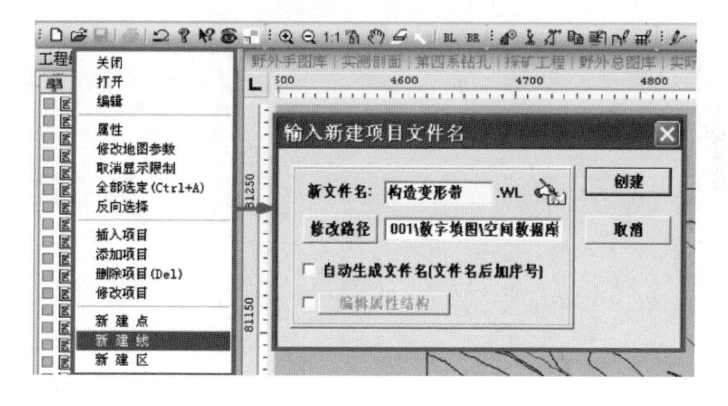

图 10-35　创建临时文件

线工作区提取弧，生成构造变形带的边界（弧段），通过拓扑重建等步骤形成区，通过统改方式生成了构造变形带，如图 10-37 所示。

另外，为了使构造变形带的区边界较准确地与地质边界吻合，可将地质界线图层中的相关线以“线转弧段”方式生成区的边界（弧段）。

10. 3. 3. 2　综合要素类面实体属性信息录入

选择菜单“空间数据库”→“综合要素类”→“构造变形带”，如图 10-38 所示。

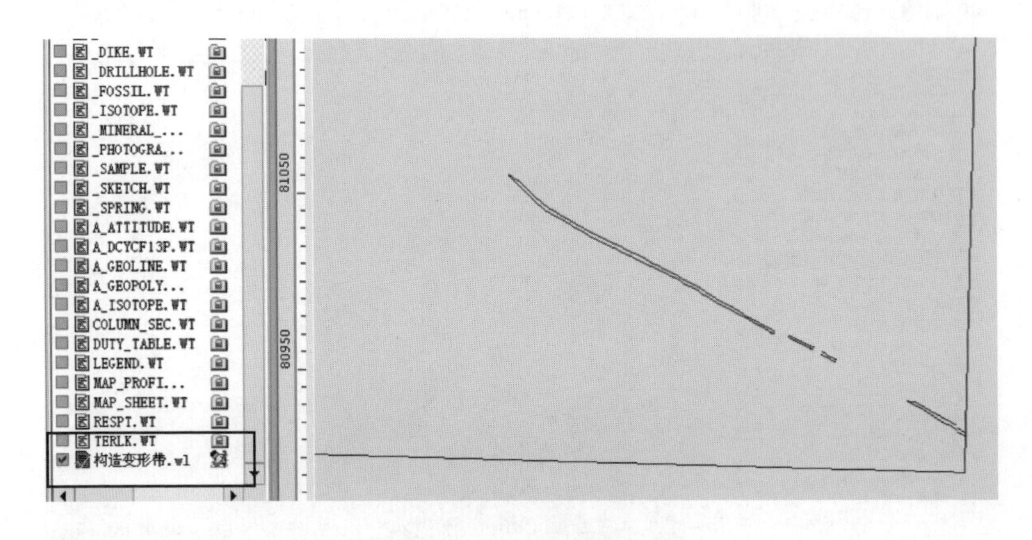

图 10-36　生成构造变形带边界线

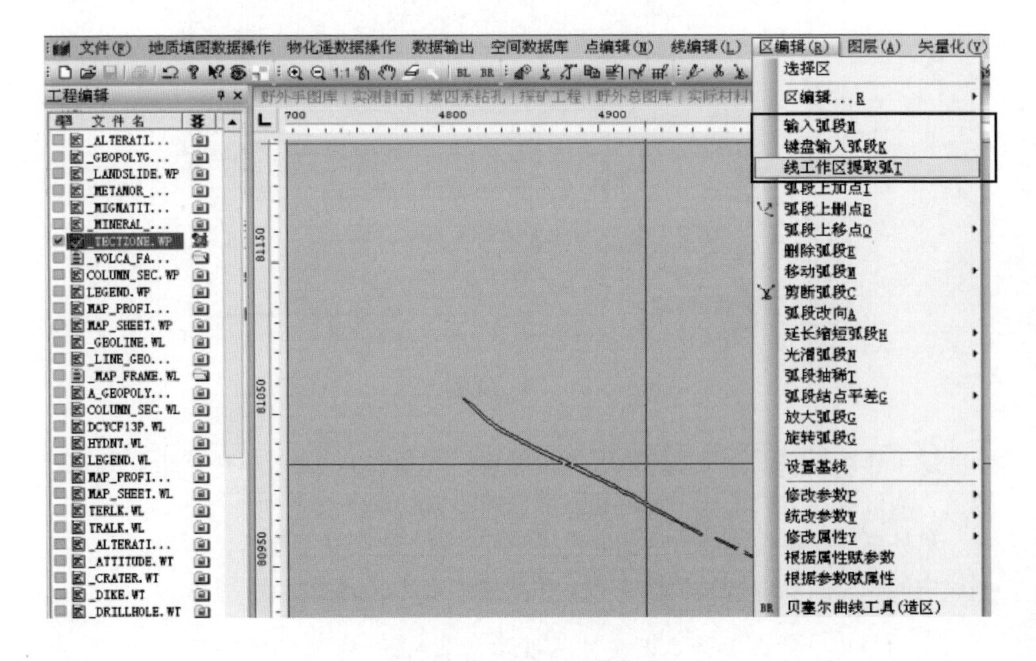

图 10-37　线工作区提取弧

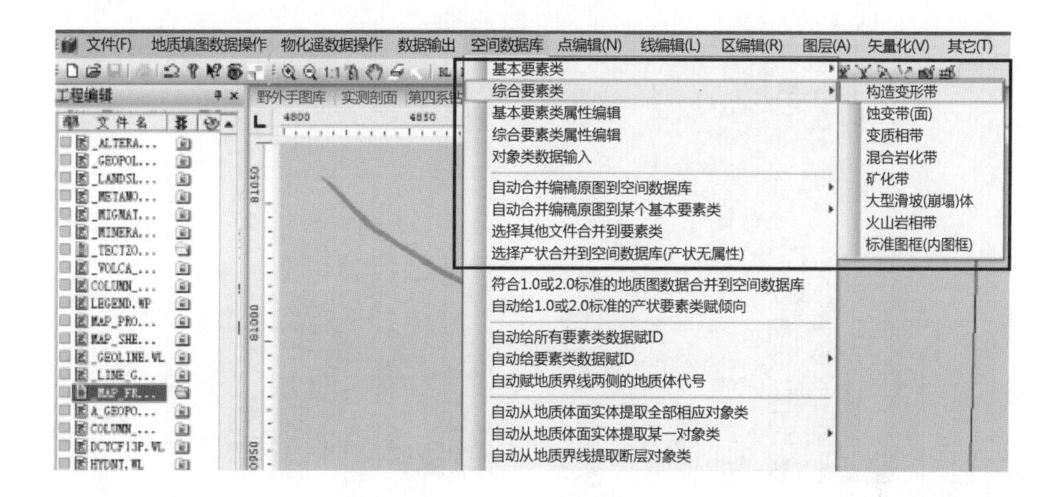

图 10-38　构造变形带属性录入菜单

点击某个区图元，按表中要求进行属性录入即可，如图 10-39 所示。

可以通过“综合要素类属性编辑”方式，浏览相关综合要素类属性，如图 10-40 和图 10-41 所示。

构造变形带
要素标识号　自动加标准标识号　AI48E002001000000001　原编码
变形带代码　14　子类型标识　0
变形带类型名称　卡松-岗察南韧性剪切带
变形带岩石名称　糜棱岩
变形带组构特征　变形力学特征
断续延伸大约14km，糜棱面理产状为倾向25，倾角80，韧性剪切带表现为：1.糜棱岩化强烈；2.发育S-C组构　压扭性断裂
形成时代　中三叠世以后
活动期次　燕山期
含矿性
PRB字典　自定义字典　OK　Cancel

图 10-39　构造变形带属性录入对话框

注意，除标准图框综合要素外，其余 7 个综合要素类操作流程是一致的，可参照构造变形带操作，不再赘述。

10.3.3.3　标准内框的处理

标准图框综合要素属性为内容完全相同的 4 条线。具体操作是将标准图框内

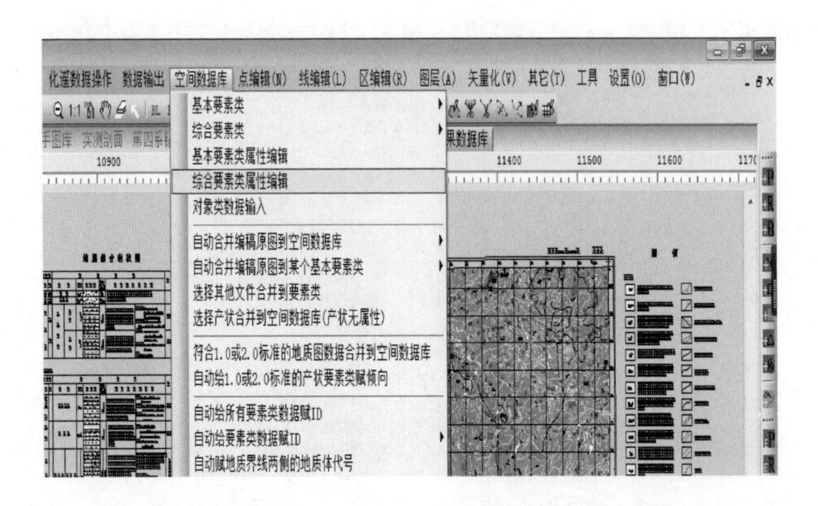

图 10-40　综合要素类属性编辑菜单

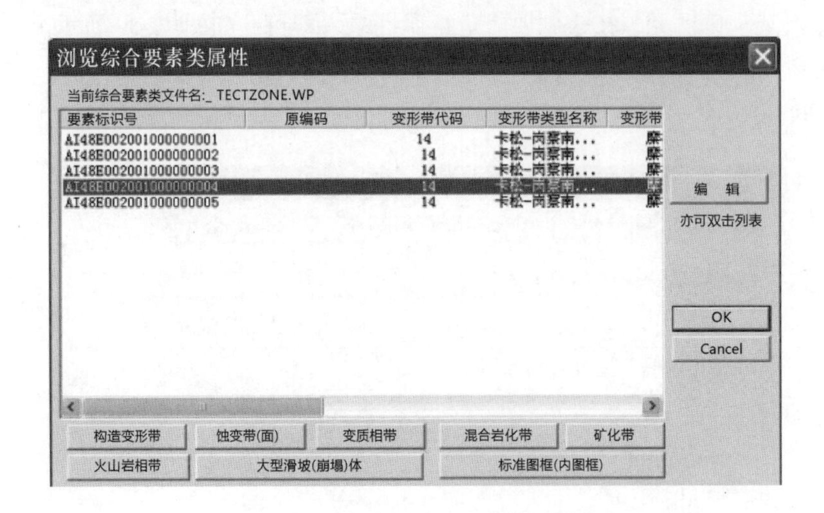

图 10-41　综合要素类属性对话框

4 条完整的线通过前述复制粘贴的方式合并到综合要素标准图框线文件中，然后进行属性完整性录入。

将标准图框内框线 4 条线（非剪断线）通过复制粘贴合并到综合要素标准图框线文件（_MAP_FRAME. WL）。

选择“空间数据库”→“综合要素类属性编辑”，点击按钮“标准图框（内图框)”，标准图框的 4 条线图元属性（其属性不全或为空白）会自动出现在列表栏中。

双击图元属性条或选准图元点击表右侧“编辑”，打开属性录入框进行属性的录入，如图 10-42 所示。

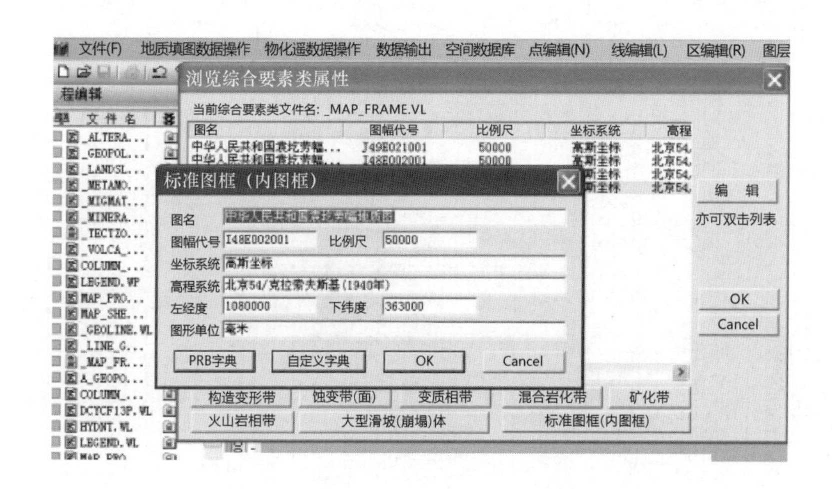

图 10-42　标准图框（内图框）属性录入

10. 3. 4　对象类

对象类数据集有 12 个：沉积（火山）岩岩石地层单位（_Strata）、侵入岩岩石年代单位（_Intru_Litho_Chrono）、侵入岩谱系单位（_Intru_Pedigree）、变质岩地（岩）层单位（_Metamorphic）、特殊地质体（_Special_Geobody）、非正式地层单位（_Inf_Strata）、断层（_Fault）、脉岩（面）（_Dike_Object）、戈壁沙漠（_Desert）、冰川与终年积雪（_Firn_Glacier）、面状水域与沼泽（_Water_Region）、图幅基本信息（_Sheet_Mapinfo）。

断层对象类从地质界线（_GEOLINE. WL）中提取；图幅基本信息从标准图框（_MAP_FRAME. WL）中提取；其他 10 个对象类皆从地质体面实体（_GEOPOLYGON. WP）中提取。

对象类操作步骤如下。

步骤 1　从地质体面实体继承对象类属性

基本要素类和综合要素类操作录入完成后，在“空间数据库”菜单下选择“自动从地质体面实体提取某一对象类”“自动从地质体面实体提取全部相应对象类”，提取过程为增量继承过程，当要素类发生改变后，再次提取对象类时，可以选择增量方式，只提取发生改变的对象（表记录），其他对象则不发生改变，如图 10-43 和图 10-44 所示。

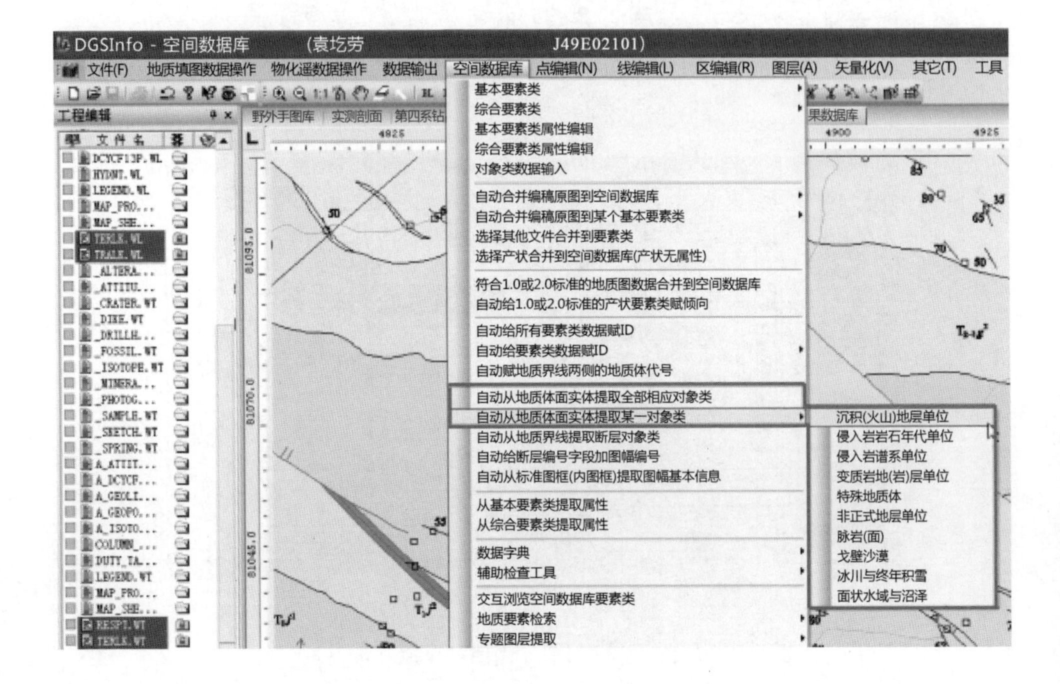

图 10-43　从地质体面实体继承对象类属性菜单

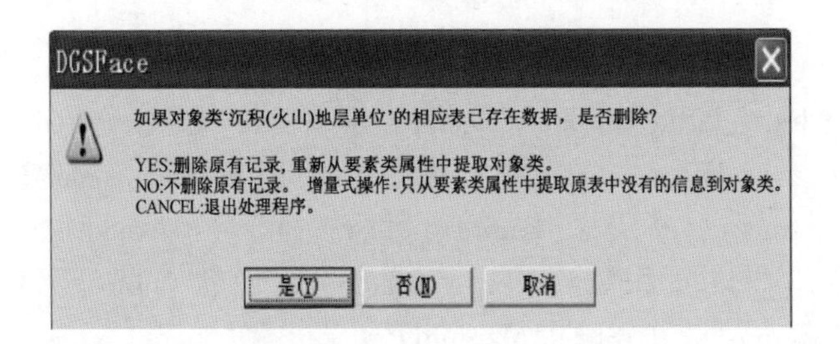

图 10-44　是否增量提取

断层的提取通过菜单“自动从地质界线提取断层对象类”进行操作，提取后，自动给断层编号字段加图幅编号。图幅基本信息从标准图框（内图框）自动提取。

步骤 2　对象类与要素类逻辑一致性检查

对象类提取完毕后，必须进行要素类和对象类的一致性检查，若不一致，需对照相关对象类在基本要素类中查找问题，重点检查要素类的子类型标识是否填写错误，相关问题修改完成后重新从基本要素类提取相关对象类，直至二者完全一致，方可进行下一步对象类属性的补充完善。

检查操作：选择菜单"空间数据库"→"辅助检查工具"→"要素类与对象类逻辑一致性检查"，如图 10-45 所示。

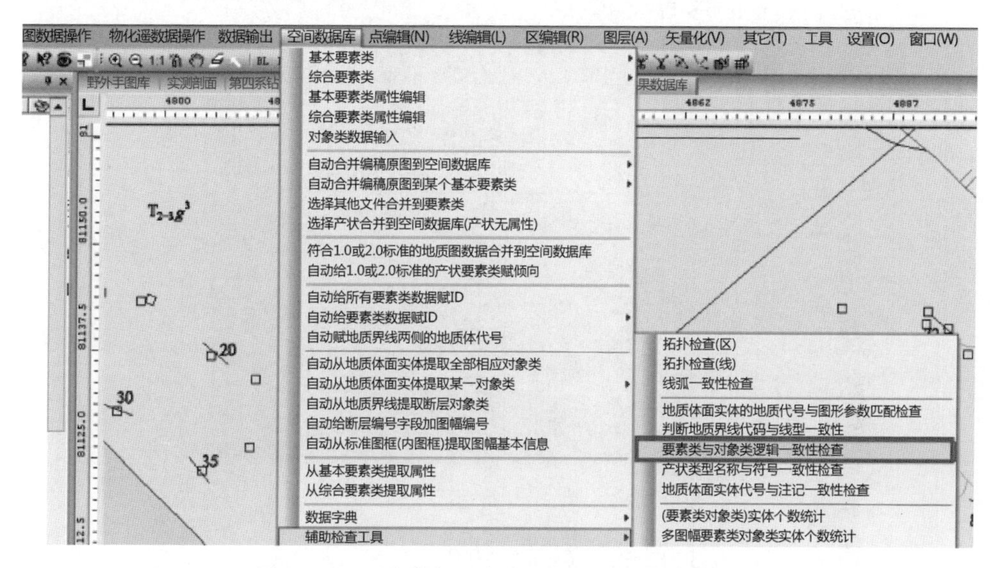

图 10-45　要素类与对象类逻辑一致性检查菜单

如果要素类与对象类一致性逻辑检查出现问题，在基本要素类面实体中针对相关地质单元查找问题，直至二者完全一致，如图 10-46 所示。注意，修改时切忌在对象类列表中进行简单增删，必须在机检状态下使二者达到一致，这就要求必须修改相关基本要素类的属性。

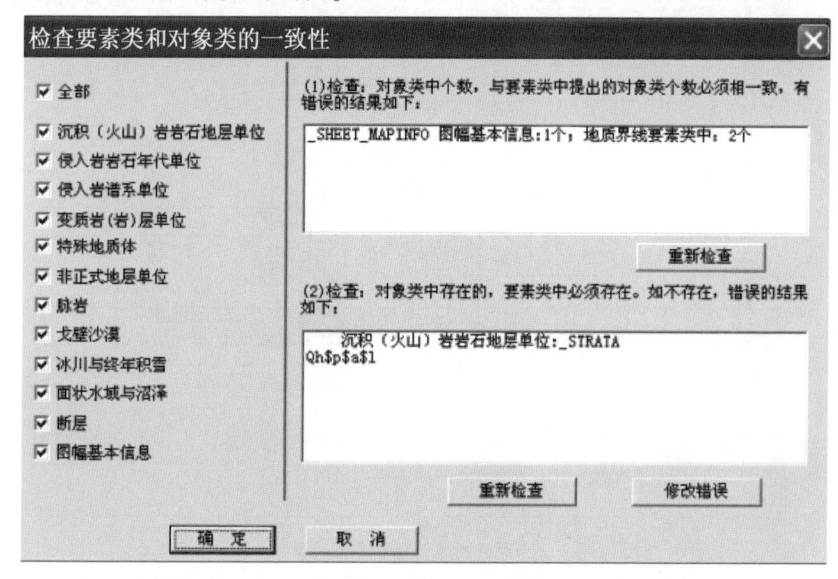

图 10-46　要素类与对象类逻辑一致性检查对话框

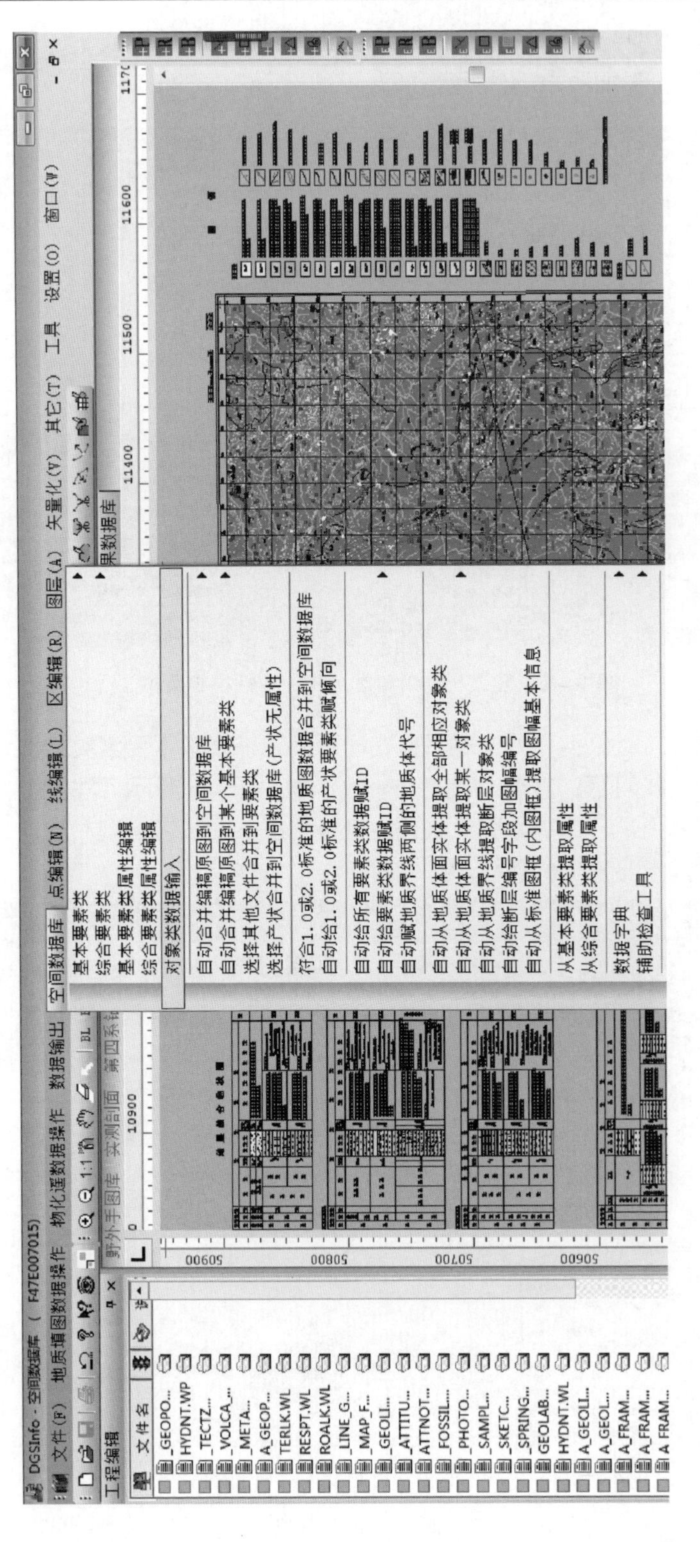

图 10-47　对象类数据输入菜单

步骤 3　浏览对象类并完善属性

通过对象类自动提取操作，对象类属性列表中部分内容已直接从基本要素类中继承过来，可全局浏览相关对象类，选择菜单“空间数据库”→“对象类数据输入”，在弹出的列表中选择查看的对象类名称，系统会自动将该对象类中所有数据列出，双击查看，也可进行属性补录、编辑等操作，如图 10-47 和图 10-48 所示。

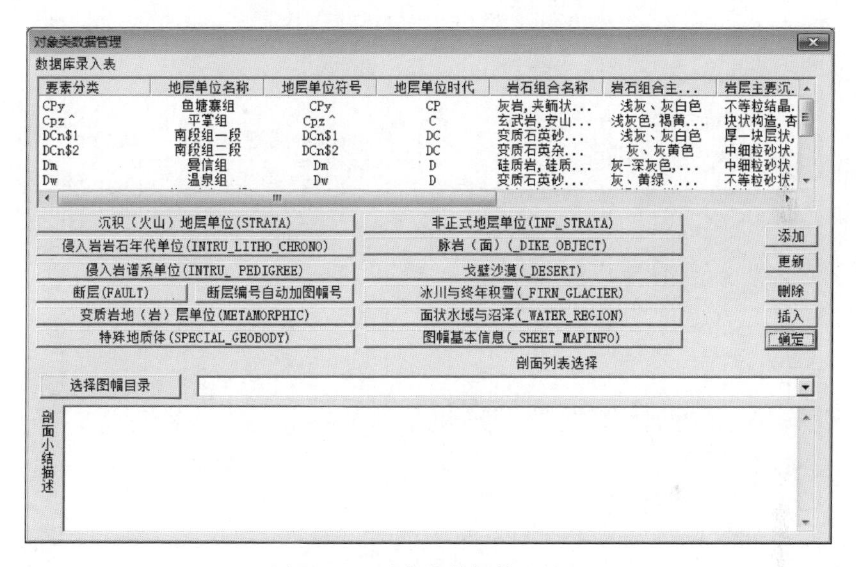

图 10-48　对象类数据管理界面

完善属性时，可调入相应地层和侵入岩的实测剖面进行相关数据的输入，也可以根据地质图中综合地层柱、实测剖面及地质报告综合进行输入，如图 10-49 和图 10-50 所示。

上述基本要素类、综合要素类及对象类属性录入完毕并检查无误后，接下来进行压缩保存，之后给要素类自动赋 ID 值，保证所有的要素 ID 号唯一且连续，如图 10-51 所示。

10.3.5　质量检查

空间数据库的质量包括数据的空间信息的质量、属性信息的质量、图面整饰信息的质量等，比如要保证拓扑的一致性，地质填图单位代号和地质年代代号中上、下标及复合上、下标的正确表示，图面上地质代号与注释一致性等。检查过程应该融入建库的每一个操作过程，本节主要介绍如下几种主要工具的操作方法。

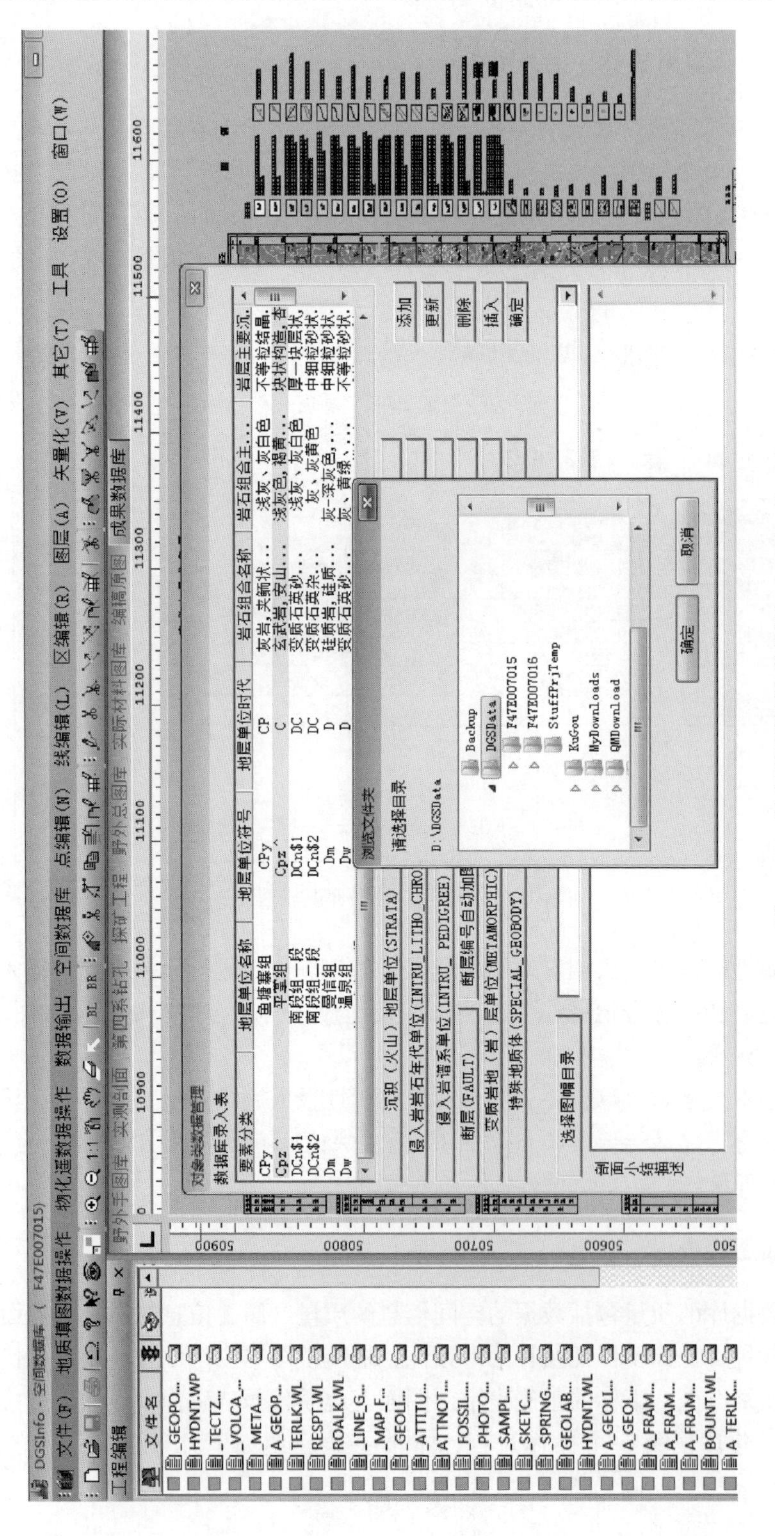

图 10-49　选择剖面的图幅路径

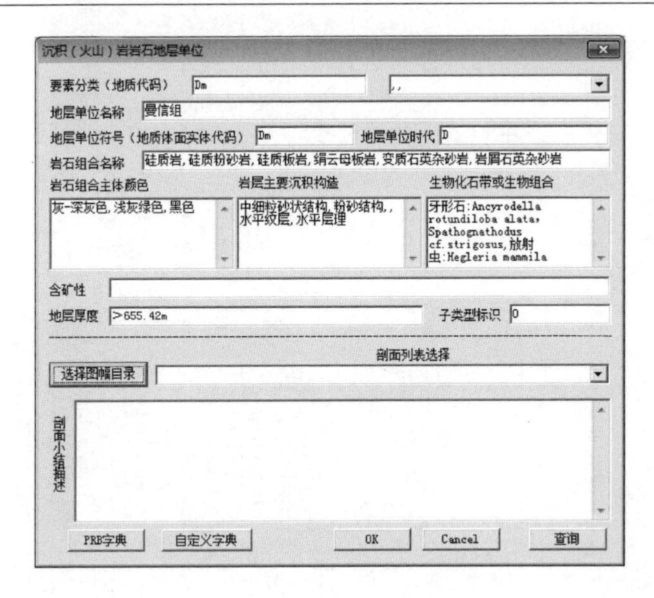

图 10-50　选择某个剖面小结

（1）空间拓扑检查。主要针对_Geopolygon. WP 和_Geoline. WL 文件，包括重叠线、重叠弧段、线拓扑、区拓扑、线弧一致性检查。功能菜单如图 10-52 和图 10-53 所示。

（2）对象类与要素类逻辑一致性检查。具体见第 10. 3. 4 节对象类相关内容。

（3）属性与制图信息整合的一致性检查。基本要素类属性录入完毕后，要用辅助检查工具进行检查，保证图面信息与属性信息的一致性。目前可供使用的有地质体面实体的属性和参数一致性检查、地质界线的属性与参数一致性检查和产状类型名称和符号的一致性检查。“地质界线类型代码及所用线型”“产状类型代码及子图类型”等检查依据存储在 \ DGSS \ data \ 原型库 \ RgSdb \ RgSdb. mdb 文件中。具体见第 10. 3. 2 节基本要素类相关内容。

另外，系统提供“地质代号与注记一致性”工具，选择整饰的图件名，通过交互式方式判断注释内容是否与属性内容一致，如图 10-54 和图 10-55 所示。

10. 3. 6　图件整饰

独立要素类是一个不属于任何要素数据集的要素类，其特点是独立要素类需要建立自己的空间参考坐标系。在地质图数据模型中，内图框以外的图例及图饰部分（如：接图表、图例、综合柱状图、责任表、图切剖面、其他角图等）属于独立要素类。独立要素类各图层可不带属性。一般不同内容的要素采用不同的文件名，DD 2006—06 对部分独立要素类文件名已作了相应规定，标准未涉及的独立要素文件名一般用对应的英文名称新建，如图 10-56 所示。

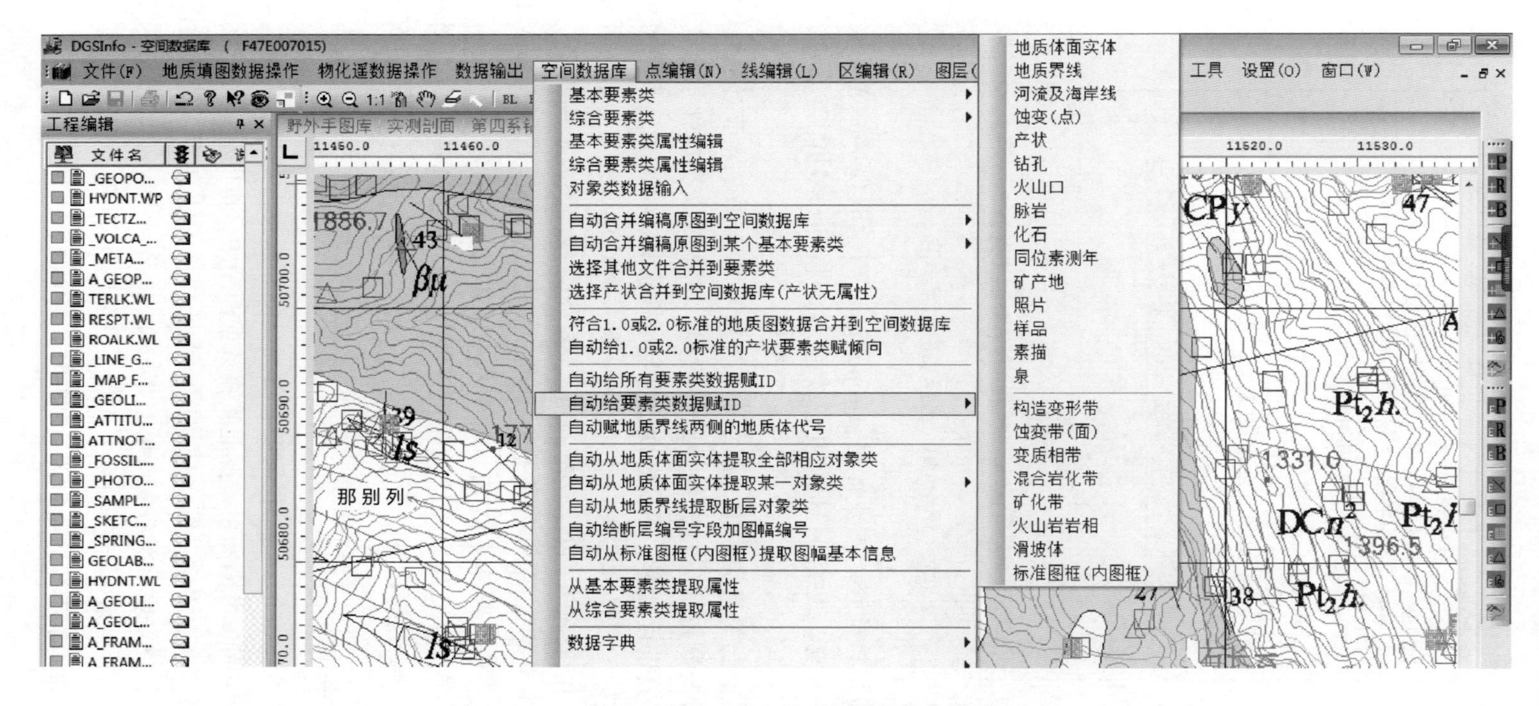

图 10-51　自动给要素类数据赋ID值菜单

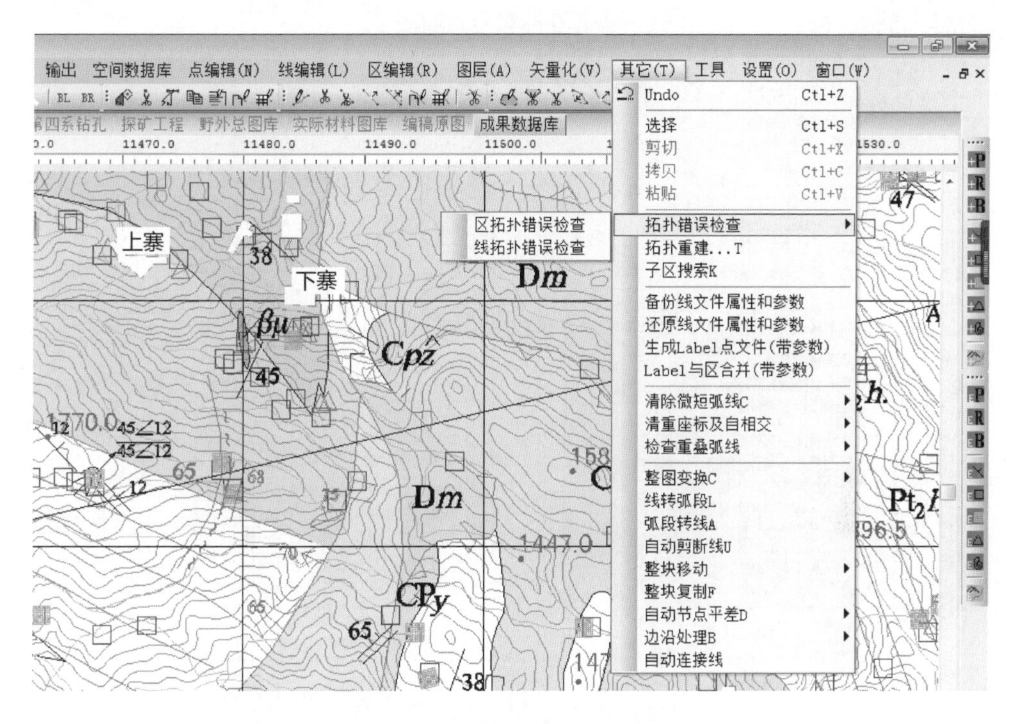

图 10-52　空间拓扑检查工具（1）

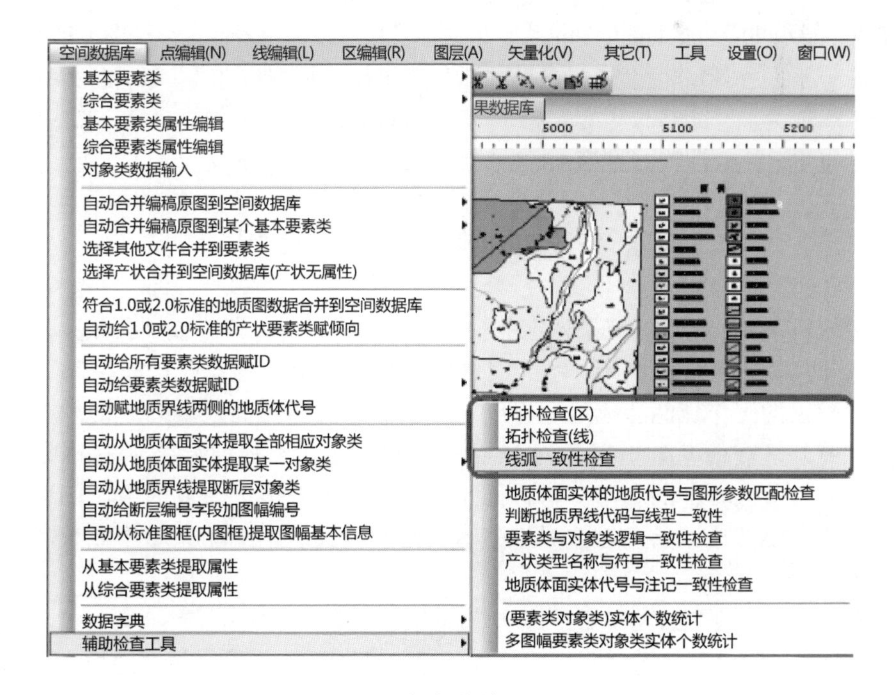

图 10-53　空间拓扑检查工具（2）

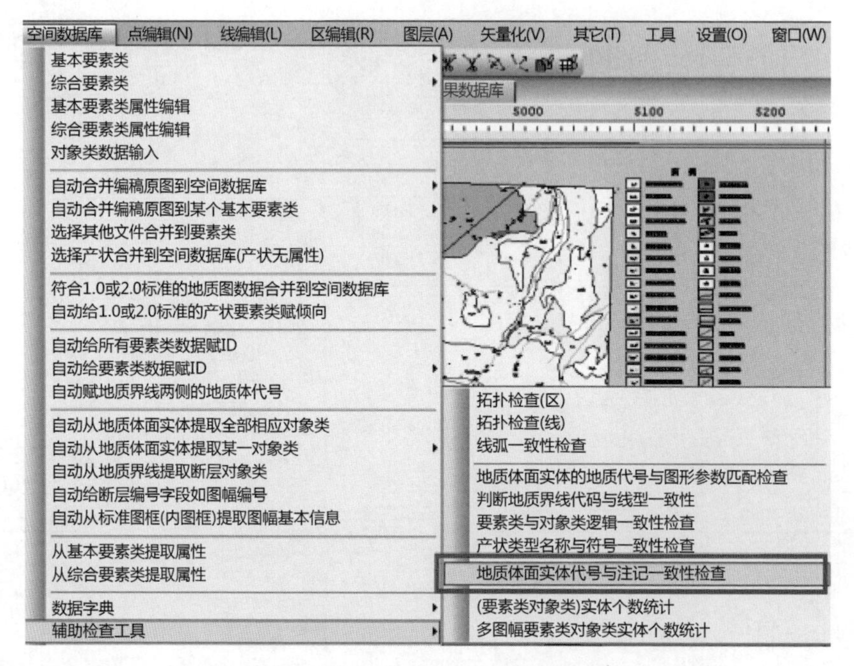

图 10-54　地质代号与注记一致性检查菜单

另外，除上述要素类文件外，还包括一些不带属性结构的整饰图层文件，如：产状倾角、指示断层性质的锯齿和箭头、地质体代号、特殊的岩性花纹子图、地质体代号引线、韧性变形带线段、未经验证的遥感解译线及环型构造等。DD 2006—06 中的命名规则为：_GeoPolygon@. WT，_GeoPolygon@. WL，_Attitude@. WT 等。地质代号与注记一致性检查见第 10. 3. 5 节质量检查相关部分。

10. 4　空间数据库修改流程

实际工作中，在最终成果认定前，有时需要根据前人资料或项目成果验收专家组意见，对已建库的地质图件（编稿原图）进行必要的修改。如果是原始资料收集阶段的工作疏漏造成地质界线、地质体缺失等图面地质内容的缺失，就必须在野外复查的基础上首先对包括实际材料图在内的原始资料进行批注修改；如果是前人资料的利用、解释推断、拓扑失误等因素造成的地质图面的修改，则不需要修改原始资料数据库的有关内容，只需在编稿原图中完善相关地质内容。

不论哪种修改，编稿地质图或实际材料图都需要重新拓扑，原有的线、区文件属性信息就会丢失，这就无形中增加了重新整理的工作量。数字地质调查系统 DGSS 针对这些问题，提供了空间数据库迭代修改的技术流程，如图 10-57 所示。

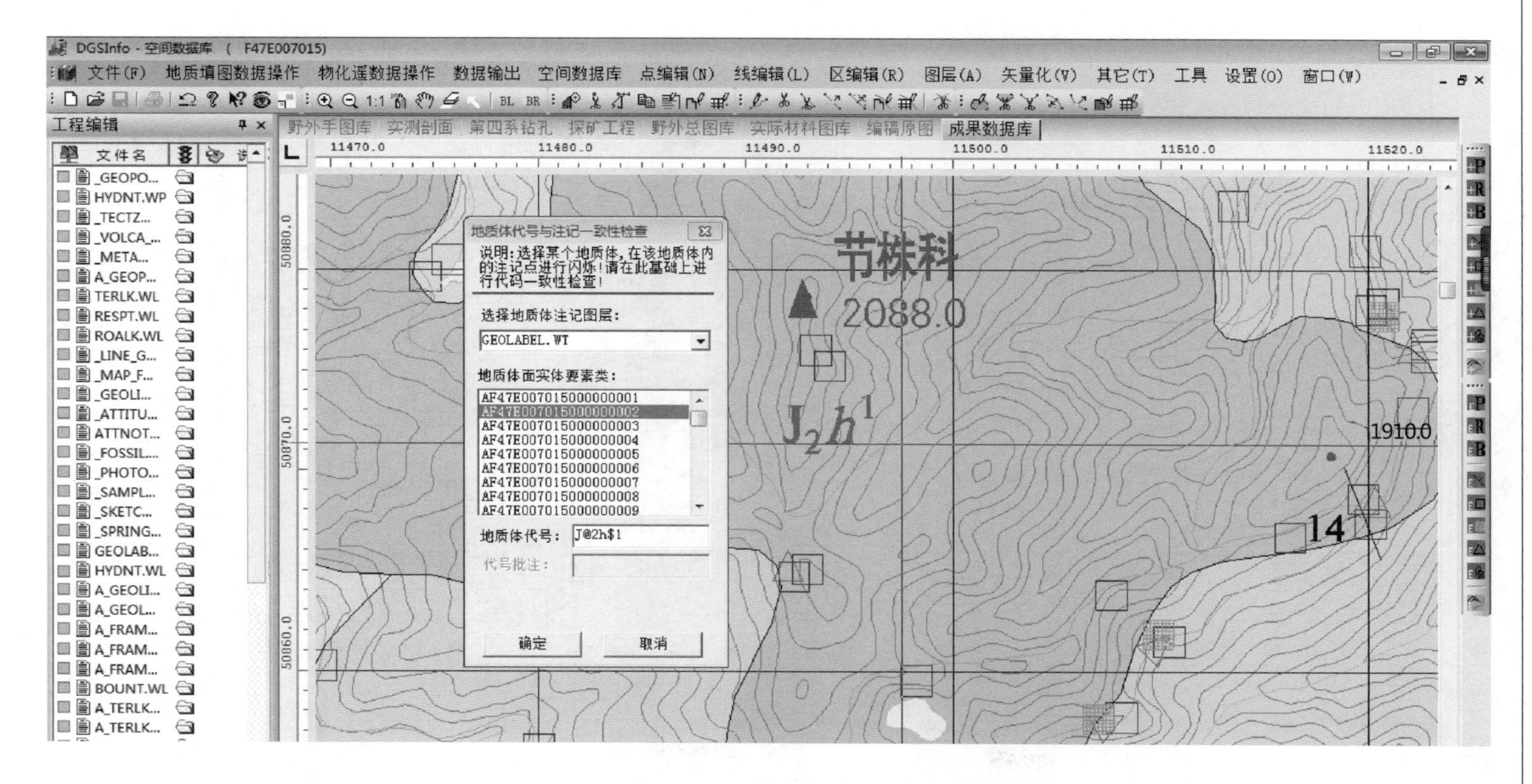

图 10-55　地质代号与注记一致性检查界面

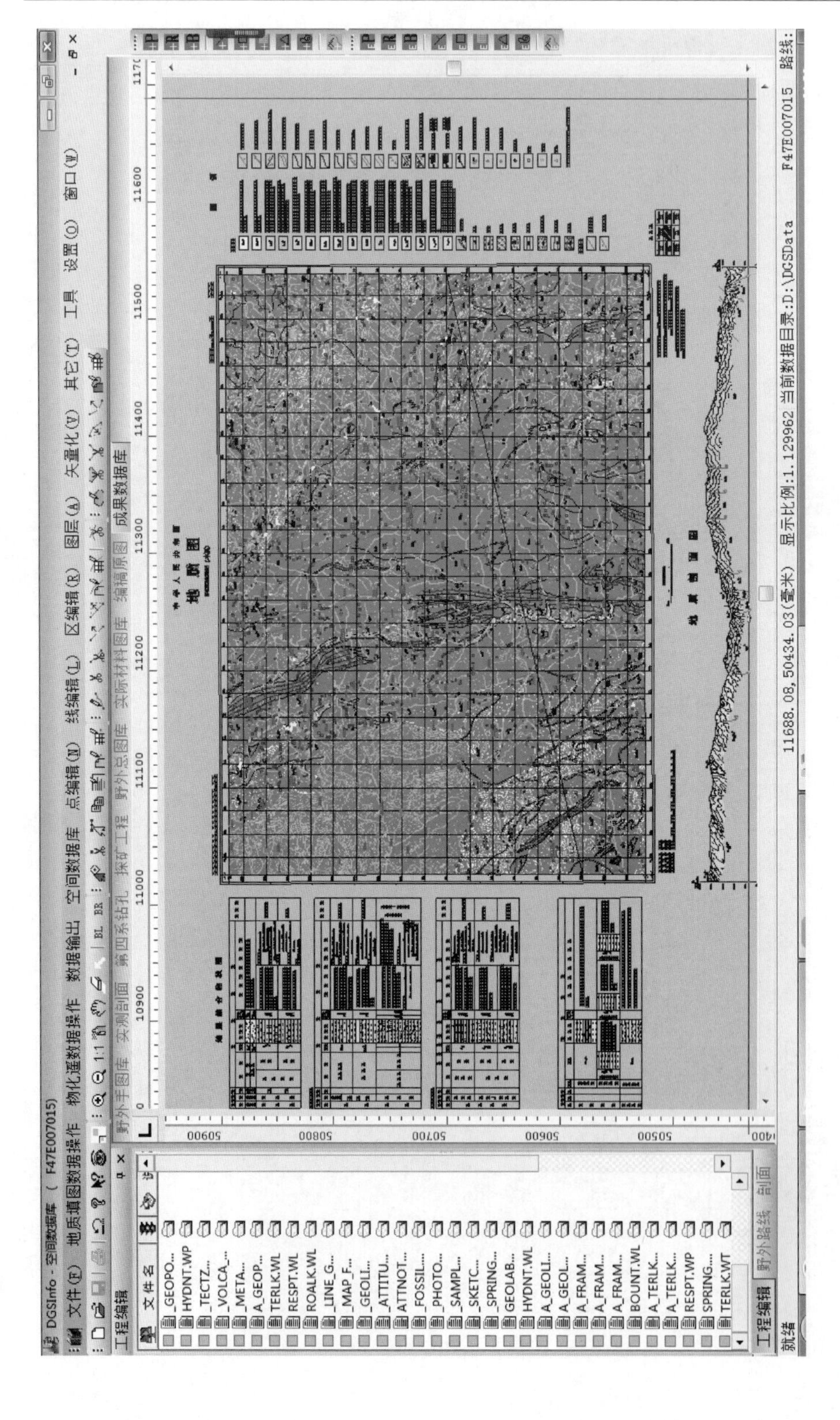

图 10-56　独立要素类表现方式

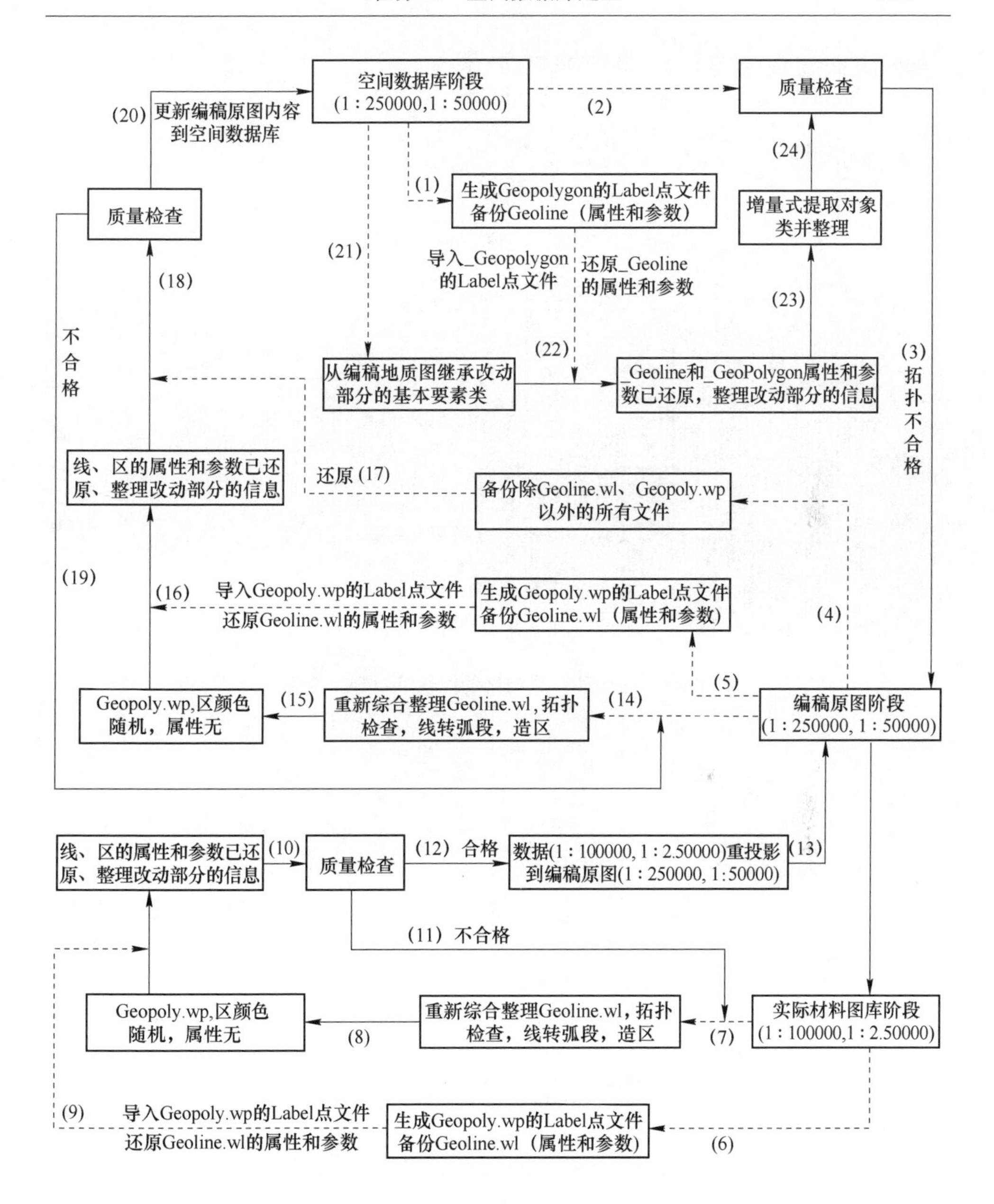

图 10-57　空间数据库修改流程

其中，空间数据库修改利用了“备份线文件属性和参数”“生成 Label 点文件（带参数）”功能，能够保存原有区和线的图形参数和属性数据；还利用“还原线文件属性和参数”“Label 与区合并（带参数）”功能将原有的图形参数和属性数据赋予新的线文件和区文件。功能菜单如图 10-58 所示。

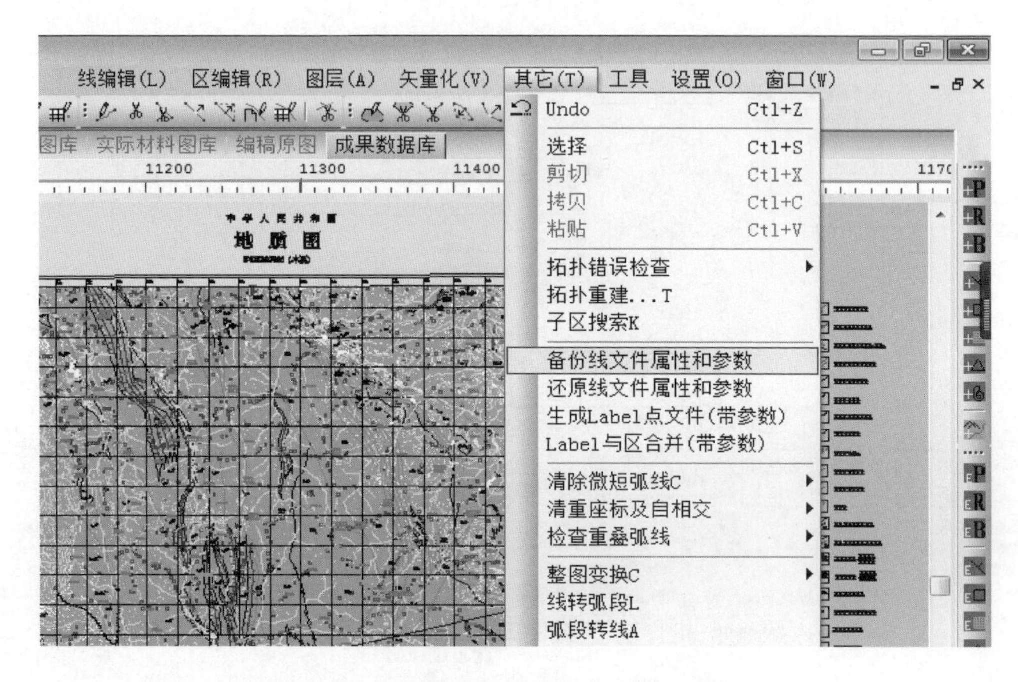

图 10-58 备份还原线与区的属性参数等功能菜单

参考文献

[1] 地质矿产部．DZ/T 0001—1991 区域地质调查总则（1∶50000）[S]．北京：中国标准出版社，1991.

[2] 黄健全，罗明亮，胡雪涛．实用计算机地质制图 [M]．北京：地质出版社，2006.

[3] 李超岭．PRB 数字填图技术体系研究 [J]．国土资源信息化，2005（6）：16-20，7.

[4] 李超岭，杨东来，于庆文，等．数字区域地质调查基本理论与技术方法研究 [J]．计算机工程与应用，2001（20）：43-47.

[5] 刘刚，赵温霞，吴冲龙，等．《区域地质测量计算机辅助技术》课程建设和教学模式研究 [J]．中国地质教育，2004（3）：35-38.

[6] 卢选元，俞允本，梅才湘．地质调查基础知识 [M]．北京：地质出版社，1987.

[7] 马杏垣，刘和甫．地质构造观察与研究 [M]．北京：地质出版社，1980.

[8] 宁振国，杨恩秀，王立法，等．PRB 数字填图技术在区域地质调查中的应用——以 1∶25 万济宁市临沂市幅区域地质调查为例 [J]．山东国土资源，2006（10）：54-57.

[9] 吴信才．MAPGIS67 地理信息系统 [M]．北京：电子工业出版社，2004.

[10] 周维屏，陈克强，简人初，等．1∶50000 区域地质填图新方法 [M]．武汉：中国地质出版社，1993.

[11] 张宝一，彭先定，邓吉秋，等．《数字填图》实习指导书．长沙：中南大学地学与环境工程学院地质研究所，2009.

[12] 李超岭，于庆文，张克信，等．《数字区域地质调查野外数据采集》工作指南．2004.

[13] 张彦杰．1∶5 万数字填图应用实例．2010.

[14] 成都理工大学地球科学学院．数字地质填图实习 [M]．2009.

[15] 朱云海．数字地质调查系统 DGSS [D]．武汉：中国地质大学（武汉），2011.

[16] 中国地质调查局发展研究中心．数字填图用户操作指南（RGMAGIS）桌面系统 [M]．2007.

[17] 刘畅，李丰丹，朱云海．1∶5 万数字填图全过程数字化应用示例 [J]．2012.